中国特色高水平建筑装饰工程技术专业群建设系列教材

高职教育新形态工作手册式教材

景观工程施工员工作手册

李星汐　倪　娜　编著

天津大学出版社

TIANJIN UNIVERSITY PRESS

图书在版编目（CIP）数据

景观工程施工员工作手册 / 李星汐, 倪娜编著. --
天津 : 天津大学出版社, 2024.4
中国特色高水平建筑装饰工程技术专业群建设系列教
材 高职教育新形态工作手册式教材
ISBN 978-7-5618-7706-7

Ⅰ. ①景… Ⅱ. ①李… ②倪… Ⅲ. ①景观－工程施
工－高等职业教育－教材 Ⅳ. ①TU986.3

中国国家版本馆CIP数据核字(2024)第077870号

出版发行	天津大学出版社	
地　　址	天津市卫津路92号天津大学内（邮编：300072）	
电　　话	发行部：022-27403647	
网　　址	www.tjupress.com.cn	
印　　刷	天津泰宇印务有限公司	
经　　销	全国各地新华书店	
开　　本	787mm×1092mm　1/16	
印　　张	12.25	
字　　数	306千	
版　　次	2024年4月第1版	
印　　次	2024年4月第1次	
定　　价	48.00元	

前　　言

随着我国国民经济协调、健康、快速发展,城市环境保护与生态建设已成为一项长期而艰巨的任务。景观工程建设是城市环境保护与生态建设的重要组成部分,是促进人与自然和谐的重要手段。高质量、高水平的景观工程建设,既是改善城镇生态环境和乡村振兴的需要,又是保证人们高质量生活和工作的基础。为了适应日趋发展的景观工程建设施工管理要求和满足广大景观工程施工技术人员的实际需求,不断提高施工员的业务素质和工作水平,特邀请从事景观工程建设实践的行业、企业的一线专家参与编写本书,旨在为景观工程施工员提供一套实用性强、较为系统且使用方便的学习材料。

本书紧紧围绕景观工程施工员岗位的任职要求、执业标准、工作过程,在分析景观工程施工员工作岗位职能和发展前景的基础上,编入景观工程施工组织、景观工程施工管理、景观工程施工技术三个方面的优选内容。本书内容分为两大模块。模块一为景观工程施工组织和管理,主要包括施工员岗位职责与职业发展方向、施工组织设计、施工项目管理。模块二为景观工程施工技术,包括土方工程、给排水工程、景观照明和供电工程、假山工程、水景工程、园路与广场工程、植物种植工程等工程施工中施工员应掌握的最基本、最实用的施工技术和施工方法。两大模块的主要内容都对细节中的要点进行详细阐述,其表述形式易于理解,便于执行,方便读者抓住主要问题,及时查阅和学习。全书通俗易懂,操作性和实用性强,可供施工技术人员、现场管理人员、相关专业的师生学习参考。

在本书的编著过程中,编著者参阅了相关书籍及文献资料,在此谨向原作者表示深切的谢意。由于编著者水平有限,书中不完善甚至不妥之处在所难免,敬请指正。

目　　录

模块一
景观工程施工组织和管理

第一章 施工员的职责与职业发展方向

第一节 施工员职业概述及其应具备的条件

一、施工员职业概述

施工员是具备专业知识,深入施工现场,为施工队提供技术支持,并对工程质量进行复核监督的基层技术组织管理人员。其主要任务是在项目经理的领导下,深入施工现场,协助做好施工监理,与施工队一起复核工程量,提供施工现场所需材料的规格、型号和到场日期,做好现场材料的验收签证和管理,及时对隐蔽工程进行验收和工程量签证,协助项目经理做好工程的资料收集、保管和归档,对现场施工的进度和成本负有重要责任。景观工程施工员是景观行业的基础岗位,其重要性毋庸置疑,该岗位有着广阔的职业发展前景。

二、施工员应具备的条件

(一)职业道德修养

(1)施工员应保持对人民生命安全和国家财产极端负责的态度,时刻不忘安全和质量要求,对工程进行严格检查和监督,把好关口。

(2)不违章指挥,不玩忽职守,施工做到安全、优质、低耗,对已竣工的工程要主动回访保修,坚持良好的施工后服务,信守合同,维护企业的信誉。

(3)施工员应以高度的责任感,根据技术人员的交底,对工程建设的各个环节做出周密、细致的安排,并合理组织好劳动力,精心实施作业程序,使施工有条不紊地进行,防止盲目施工和窝工。

(4)施工员应严格按图施工,规范作业。不使用无合格证的产品和未经抽样检验的产品,不偷工减料,不在钢材用量、混凝土配合比、结构尺寸等方面做手脚,不得谋取非法利益。

(5)在施工过程中,时时处处要精打细算,降低能源和原材料的消耗,合理调度材料和劳动力,准确申报建筑材料的使用时间、型号、规格、数量,既保证供料及时,又不浪费材料。

(6)施工员应以实事求是、认真负责的态度准确签证,不多签或少签工程量和材料数量,不虚报冒领,不拖拖拉拉,完工即签证,并做好资料的收集和整理归档工作。

（7）做到施工不扰民，严格控制粉尘、施工垃圾和噪声对环境的污染，做到文明施工。

（二）专业知识和工作能力

1. 专业知识

施工员应当掌握景观工程施工组织、施工管理与施工技术基本知识，能编制施工预算，能进行工程统计和现场经济活动分析。

2. 工作能力

作为一个施工员，除应具有岗位要求的专业知识外，还应具备一定的施工实践经验，以应对各种可能遇到的实际问题。施工员应具备以下工作能力。

（1）施工员应能有效地组织、指挥人力、物力和财力进行科学施工，取得最佳的经济效益；能编制施工预算，进行工程统计、劳务管理、现场经济活动分析。

（2）施工员应能根据工程的需要，协调各工种、人员、上下级之间的关系，正确处理施工现场的各种社会关系，保证施工能按计划高效、有序进行。

（3）施工员应具有对施工中的稳定性问题进行鉴别的能力，能对安全质量事故进行初步分析。

（4）施工员应能比较熟练地承担施工现场的测量、图纸会审和向工人交底的工作；能在不同地质条件下采取正确的土方开挖、回填夯实、降水、排水等措施。

（5）施工员应能正确地按照国家施工规范进行施工；能在施工中掌握施工计划的关键，保证施工进度。

（6）施工员应能根据施工要求，合理选用和管理建筑机具；具有一定的电工知识，能管理施工用电。

（7）施工员应能运用质量管理方法指导施工，控制施工质量。

第二节　施工员的职责与地位

一、施工员的职责

（一）岗位职责

（1）在项目负责人和施工负责人的领导下，负责所承担的作业区、段内的施工组织安排和施工管理工作。在熟悉施工图纸的基础上，编制各项施工组织设计方案和施工安全、质量、技术方案，编制各单项工程进度计划，人力、物力计划和机具、用具、设备计划。

（2）做好分管区、段内的施工准备工作，严格监督、检查、验收进入施工区、段的材料、半成品是否合格，堆放、装卸、运输方法是否合理，防止影响工程质量。

（3）认真履行施工合同条款，保证施工顺利进行。做好负责管段内的技术、测量工作。随时掌握所管辖施工队伍或作业组在施工过程中的操作方法，严格控制过程。

（4）按工程质量评定验收标准，经常检查所管辖施工队伍或作业组的施工质量，并做好自检、互检和工序交接检查。发现不合格产品要及时采取纠正措施或向施工负责人汇报。

（5）贯彻安全第一、预防为主的方针，按规定做好安全防范。做好职责范围内的技术、安全、质量交底工作，履行签认手续，并经常检查规程、措施、交底要求的执行情况，随时纠正违章作业，做好施工队伍技术指导。

（6）编制文明工地实施方案，根据工程施工现场合理规划布置现场平面图，创建文明工地。

（7）按时填写各种有关施工的原始记录、隐蔽工程检查记录和工程日志，做到准确无误。

（8）定时收方计量，积累原始资料，提供变更、调查索赔数据。

（二）技术职责

（1）协助工程技术科做好新建工程项目的施工管理工作。

（2）负责开工前同施工单位联系，做好施工准备工作，做好"三通一平"① 和施工平面布置。

（3）认真审核设计图纸，组织设计图纸会审，并向施工单位进行图纸交底和施工技术交底。

（4）审核施工单位编制的施工组织设计并按审定的施工组织设计组织实施。

（5）负责明确施工中需建设单位提供的施工条件，并组织落实工作，保证工作能够顺利进行。

（6）负责施工单位与建设单位双方现场领导小组会议的准备，贯彻落实会议有关事宜和事项。

（7）严格按设计图纸施工，复核工程定位、标高，及时验收隐蔽工程，并签字认可，认真按照有关规范监督工程质量，做好施工记录。

（8）负责施工过程中进场材料质量的检查工作。

（9）监督并参与施工单位工程质量检验、工程材料和试块的拉压试验及其他实测实量，并在有关检化单据上签字。

（10）处理设计同施工实际操作中的矛盾，并写出设计变更，报请主管人员审定，组织实施。

（11）负责新建项目的工期保障工作，及时解决施工单位在施工中出现的各种问题，保证工程按期完成。

（12）参与工程的竣工验收。负责处理工程竣工后保养期间维修工作的联系和管理。

（三）质量职责

（1）学习、贯彻国家关于质量生产的法规、规定，认真执行上级有关工程质量和本企业质量生产的各项规定，对自己负责的项目的施工工程质量负责。

（2）认真执行本企业制定的质量生产奖惩制度。对严格遵守操作规程、避免质量事故

---

① 通水、通电、通路与平整土地。

者,提出奖励意见;对违章蛮干、造成质量事故者,提出惩罚意见。

（3）制定并认真贯彻执行切实可行的保证本工程质量的技术措施;使用符合标准的建筑材料和构配件;认真保养、维修施工用的机具和设备。

（4）经常对工人进行工程质量教育,组织工人学习操作规程,及时传达保证工程质量的有关文件,推广质量保证生产经验;领导本人管辖范围的班组开展质量日活动;督促班组长每天上班前开展质量教育;加强工程施工质量专业检查,做好记录,包括质量教育记录,自检、互检和交接检记录,质量隐患立项销项记录,奖惩记录,未遂和已遂质量事故的等级和处理结果,等等。

（5）创造良好的施工操作条件,加强成品保护。

（6）组织本工地的质量检查员和班组长等有关人员认真执行自检、互检和交接检制度,每日巡视施工作业面,及时消除质量隐患或采取紧急措施。

（7）发生质量事故后,应保护现场并立即上报;配合上级查明事故原因,提出防范重复事故发生的措施。

（四）安全职责

（1）认真学习、贯彻国家关于安全生产的规程、法令,执行上级有关安全技术工业生产和本企业安全生产的各项规定,对自己负责的施工区域的职工安全健康负责。

（2）认真执行上级有关安全生产的规定、指示,参与制定并实施安全措施。根据工程技术人员的技术交底书,正确指导工班按照技术文件、施工规划、操作规程、安全规则、措施和各项安全制度等进行施工(生产)。

（3）根据工程任务,正确指导工班做好施工、劳动安排,建立、健全安全制度和岗位责任制度。对工人提出的安全生产方面存在的问题及时加以解决,不能解决的及时报告工程队或项目经理部的领导。

（4）随时检查作业环境的安全情况和生产机具、设备、道路、安全防护设施等的完好情况,制止违章指挥、违章作业,保证工人在安全状态下进行操作。遇有紧急险情,工人处于危险状态下操作时,应立即停止施工,组织人员撤离危险区,并进行相关处理,不能处理时应立即报告工程队或项目经理部的领导。

（5）对于特殊作业人员,必须100%持证上岗,对于无操作合格证的特殊作业人员,不得安排其上岗。布置工班工作时,必须布置安全工作。负责组织、督促、检查工班开班前的安全交底会与工前和施工中的安全检查和交接班工作。

（6）坚持每周安全大点名制度,参加工班安全活动日,组织工班学习安全操作规程。亲自对工人进行岗位操作教育和实际指导。及时纠正工人忽视安全生产的思想,随时制止违章作业。教育工人正确使用机具、安全设备和防护用品。

（7）组织本工地的安全员、机械管理员和班组长定期开展安全检查,每日巡视施工作业面,及时消除隐患或采取紧急防护措施,坚决制止违章指挥,严格执行特殊工种持证上岗制度。

（8）在铁路行车线上,负责组织工班按照《铁路技术管理规程》《铁路工务安全规则》等进行施工并随时检查执行情况,确定铁路行车安全。

（9）负责组织工班正确使用易燃、易爆、有毒物品并随时检查其领发、运送、使用和退库的情况。

（10）发生事故要立即组织抢救和报告，并保护现场，参加事故调查分析。

二、施工员的地位及其与相关方的关系

（一）施工员的地位

施工员是施工现场的主要组织管理者，是建筑施工企业各项组织管理工作在基层的具体实践者，是完成建筑安装施工任务的最基层的技术和组织管理人员，在建筑施工过程中具有极其重要的地位，具体表现在以下几个方面。

（1）施工员是单位工程施工现场管理的中心，是施工现场动态管理的体现者，是单位工程生产要素合理投入和优化组合的组织者，对单位工程项目的施工负有直接责任。

（2）施工员是协调施工现场基层专业管理人员、劳务人员等各方面关系的纽带，需要指挥和协调好造价员、质量检查员、安全员、材料员等基层专业管理人员相互之间的关系。

（3）施工员是其分管工程施工现场对外联系的枢纽。

（4）施工员对分管工程施工生产和进度等进行控制，是单位施工现场的信息集散中心。

（二）施工员与相关方的关系

施工员是与相关方联系的主要人员。施工员独特的地位决定了其与相关部门关系密切，主要表现在以下三个方面。

1. 施工员与监理人员的关系

施工员应积极配合监理人员在施工质量控制、施工进度控制和工程投资控制三个方面所做的各种工作和检查，全面履行工程承包合同。

2. 施工员与设计人员的关系

施工单位与设计单位之间存在着工作关系。设计人员的职责是积极配合施工，交代设计意图，解释设计文件，及时解决施工中设计文件出现的问题，负责设计变更和修改预算，并参加工程竣工验收。施工员如在施工过程中发现没有预料到的新情况，使工程或其中的任何部位在数量、质量和形式上发生了变化，应及时与设计人员沟通。如遇重大问题应由建设单位、设计单位、施工单位和监理单位各方协商解决，办理设计变更与洽商。

3. 施工员与劳务人员的关系

施工员是施工现场劳动力动态管理的直接责任者，与劳务人员关系密切，具体体现在以下三个方面。

（1）负责制定进度计划，并按计划要求向项目经理或劳务管理部门申请派遣劳务人员，并签订劳务合同。

（2）按计划分配劳务人员，并下达施工任务单或承包任务书。

（3）在施工中不断进行劳动力平衡、调整，并按合同向劳务人员支付劳务报酬。

第三节　施工员的主要任务

施工员在施工全过程中的主要任务是：根据工程要求，结合现场施工条件，把参与施工的人员、机具和建筑材料、构配件等，科学、有序地协调组织起来，使之在时间和空间上取得最佳的组合，取得较好的效益。施工员与现场相关部门人员的关系如图 1-1 所示。施工员在施工全过程中要完成的工作任务包括做好施工准备工作、进行工程施工技术交底、进行有目标的协同组织控制、进行技术资料的记录和积累。

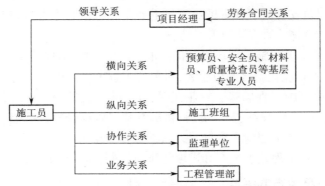

图 1-1　施工员与现场相关部门人员的关系

一、做好施工准备工作

（一）技术准备

（1）熟悉施工图纸及有关技术规范和操作规程，了解设计要求和细部节点构造做法，并进行必要的放大样，完成配料单，弄清有关技术资料对工程质量的要求。

（2）调查搜集必要的原始资料。

（3）熟悉或制定施工组织设计和有关技术经济文件对施工顺序、施工方法、技术措施、施工进度和现场施工总平面布置的要求；清楚完成施工任务时的薄弱环节和关键工序。

（4）熟悉有关合同、招标投标资料和有关现行消耗定额等，计算工程量，弄清人、材、物在施工中的需求和消耗情况，了解和制定施工现场工资分配和奖励制度，签发工作任务单、限额领料单等。

（二）现场准备

（1）完成现场接收。通过施工合同的约定，在规定的时间内接收施工现场的管理和使用权，协助建设方协调好与建设场地四邻的关系。

（2）对现场"三通一平"进行检验。

（3）进行现场抄平、测量放线，并进行检验。

（4）根据进度要求,组织现场临时设施的搭建施工;安排好职工的住、食、行等后勤保障工作。

（5）根据进度计划和施工平面图合理组织材料、构件、半成品、机具进场,进行检验和试运转。

（6）做好施工现场的安全、防汛、防火措施落实工作。

（三）组织准备

（1）根据施工进度计划和劳动力计划安排,分期分批组织劳动力进场教育和各种技术工人的配备等。

（2）确定各工种在各施工阶段的搭接流水、交叉作业的开工、完工时间。

（3）全面安排好施工现场一、二线,前、后台,施工生产和辅助作业,现场施工和场外协作之间的协作配合。

二、进行工程施工技术交底

（一）审查施工图纸

（1）熟悉施工图纸包括的内容。

（2）熟悉施工图审查的工作方法与程序。

（3）记录施工图设计中存在的问题。

（4）整理准备提交的施工图会审问题。

（二）施工图技术交底

（1）掌握施工图设计技术交底的程序。

（2）组织实施施工图设计技术交底。

（三）施工图会审

（1）参与企业内部施工图纸会审。

（2）参与建设、监理、施工、设计四方参与的施工图会审。

（四）施工图会审纪要

做好施工图会审纪要。

三、进行有目标的协同组织控制

（1）检查班组作业前的准备工作。

（2）检查外部供应、专业施工等外部条件是否满足需要,检查进场材料和构件质量。

（3）检查工人班组的施工方法、施工操作工艺、施工质量、施工进度以及安全等情况,发现问题应立即纠正或采取补救措施。

（4）做好现场施工调度,解决现场劳动力、原材料、半成品、周转材料、工具、机械设备、运输车辆、安全设施、施工水电、季节施工、施工工艺技术和现场生活设施等出现的供需矛盾。

（5）监督施工中的自检、互检、交接检验制度和工程隐检、预检的执行情况,督促做好分部（项）工程的质量评定工作。

四、进行技术资料的记录和积累

（1）做好施工日志、隐蔽工程记录,填报工程完成量,做好预算外工料的申领记录。

（2）做好质量事故处理记录。

（3）记录混凝土和砂浆试块的试验结果,记录质量"三检"（自检、互检、专检）情况,以便工程交工验收、决算和质量评定的进行。

第四节　施工员的职业发展前景

施工员是技术组织管理的基层人员,这一岗位具有广阔的职业发展前景。一方面,施工员可以通过积累管理经验,晋升为项目经理;另一方面,施工员可以通过积累技术经验,成为技术负责人。通过不断提升自己的财务、技术、质量和管理能力,施工员最终可以成为企业负责人。

一、从施工员到项目经理

（1）施工员通过多个大、中型项目实践的锻炼,积累工程项目管理实际经验,掌握管理项目的实际技能,为成为合格的项目经理积淀阅历和项目管理的资本。

（2）通过各种方式不断提高自身的理论素养,参加各级各类管理技术培训,尤其是项目经理素质提高方面的理论培训,为在项目经理岗位上很好地履职打下深厚的理论基础。

（3）完成从施工员到项目管理工程师的过渡,适应不同专业技术和生产活动的管理工作,全面深化自己的职业素养,充分、系统地掌握土建、水、电、暖、卫、通风、消防、智能化等专业的施工原理、程序、工序等内容,完成从专项管理人员向综合管理人员的转变。

（4）比照项目经理应具备的素质,不断提高自身素质,做到:身体健康、精力充沛;性格坚毅、果断、冷静、乐观、开朗;练就管理的基本技能;构建良好的知识结构;不断提高综合素质;练就全面的工作能力。力争早日实现从合格施工员到高素质施工员的转变,在通过国家规定的职称和执业资格考试后,通过企业选拔成为项目副经理,再通过一到两个大、中型项目的管理锻炼,最终成为合格的项目经理。

二、从施工员到技术负责人

通过技术途径晋升，施工员先成为工程项目技术负责人，进一步可成为施工企业技术负责人。

（一）从施工员到工程项目技术负责人

（1）施工员通过多个大、中型项目实践的锻炼，努力积累工程项目技术、质量管理实际经验，掌握技术业务方面管理的实际技能，为成长为合格的工程项目技术负责人积淀阅历和项目技术管理的资本。

（2）通过各种方式不断提高自身的理论素养，参加各级各类部门组织的技术、质量和安全生产理论等方面的培训，尤其是工程项目技术负责人素质方面的理论培训，为在工程项目技术负责人岗位上很好地履职打下深厚的理论基础。

（3）完成从施工员到项目管理工程师的过渡，适应不同专业技术和生产活动的管理工作，在各个专业的实践技能和理论素养方面全面深化和提高自己，充分、系统地掌握土建、水、电、暖、卫、通风、消防、智能化等专业的施工原理、程序、工序等方法，完成从专项管理人员向全面型技术管理人才的转变。

（4）比照工程项目技术负责人应具备的素质，不断提高自身素质，做到：身体健康、精力充沛；性格坚毅、果断、冷静、乐观、开朗；掌握管理的基本技能；构建工程项目技术负责人所需的良好的知识结构；不断提高自身综合素质；练就全面的技术管理工作能力。力争尽早实现从合格施工员到高素质施工员的转变，在通过国家规定的职称和执业资格考试后，通过企业选拔成为工程项目技术负责人，再通过一到两个大、中型项目的锻炼，最终成为合格的工程项目技术负责人。

（二）从工程项目技术负责人到施工企业技术负责人

在完成了从施工员到项目技术负责人的转变后，项目技术负责人应该在专业技术的理论素养和实践技能方面不断充实自己，在个人职业素养方面不断提高自己，在管理和协调能力方面不断完善自己，在组织原则和纪律方面不断约束和打造自己，最终完成从项目技术负责人到施工企业技术负责人的过渡，通过企业内各个分公司、项目部技术工作的管理、服务和协调工作，逐步练就统管企业技术工作的负责人本领，由组织选拔任用为施工企业技术负责人。

三、从施工员到企业负责人

从施工员到企业负责人（总经理），需要完成比项目经理、施工企业技术负责人更高的工程项目管理实践、企业管理理论和实践等方面的要求。这是施工员从业的终极目标。这就要求具有这个奋斗目标的施工员，必须具备比一般人高很多的职业忠诚度和管理技能等方面的悟性与很高的素养，具有为建筑业奋斗终身的长远目标。无论从项目经理成为优秀的项目经理,再到企业管理生产或技术的副总经理,还是从工程项目技术负责人到施工企业技术负责人,最后通过施工企业技术负责人成为企业负责人,都需要以企业和项目管理专家的身份,在经济、技术、法律、社会、人文、社交、管理等方面付出不懈努力,这样最终才能成为驾驭企业全盘工作的企业最高管理者。

可见,景观工程施工员是景观行业的基础岗位,在景观工程施工现场管理和施工技术等方面有着重要作用,该岗位有着广阔的就业前景和发展空间。可以肯定地说,施工员在景观工程建设中大有作为。

第二章　施工组织设计

第一节　施工组织设计概述

施工组织设计是以施工项目为对象进行编制的,用以指导建设全过程各项施工活动的技术、经济、组织、协调和控制的综合性文件。其核心内容是如何合理地安排好劳动力、材料、设备、资金和施工方法与组织手段,使人力和物力、时间和空间、技术和经济、计划和组织等诸 多因素合理化配置,为施工项目产品生产保持节奏性、均衡性和连续性提供最优方案,从而以最少的资源消耗取得最佳的经济效果。施工组织设计是施工前的必要环节,是施工准备的核心内容,是有序进行施工管理的开始和基础。

一、施工组织设计的概念和任务

施工组织设计是指导拟建工程进行施工准备和组织施工实施的基本的技术经济文件。它的任务是就具体的拟建工程的施工准备工作和整个施工过程,在人力和物力、时间和空间、技术和组织方面,做出一个全面而合理,符合"好、快、省、安全"要求的计划安排。

二、施工组织设计的作用

施工组织设计的作用是为拟建工程施工的全过程实行科学管理提供依据。通过施工组织设计的编制,可以全面考虑拟建工程的具体条件,扬长避短地拟定合理的施工方案,确定施工顺序、施工方法、劳动组织和技术经济组织措施,合理地统筹安排拟定施工进度计划,保证拟建工程按期投产或交付使用;为对拟建工程的设计方案在经济上的合理性、在技术上的科学性和在实施上的可能性进行论证提供依据;为建设单位编制基本建设计划和施工企业编制施工计划提供依据。依据施工组织设计,施工企业可以提前掌握人力、材料和机具使用上的先后顺序,全面安排资源的供应与消耗,可以合理地确定临时设施的数量、规模和用途以及临时设施、材料和机具在施工场地上的布置方案。景观工程施工组织设计的作用和意义具体表现在以下九个方面。

(1)景观工程施工组织设计是施工准备工作的一项重要内容,同时又是指导各项施工准备工作的依据。

（2）景观工程施工组织设计可体现实现基本建设计划和设计的要求,可进一步验证设计方案的合理性与可行性。

（3）景观工程施工组织设计确定的施工方案、施工进度和施工顺序等是指导开展紧凑、有秩序的施工活动的技术依据。

（4）景观工程施工组织设计所提出的各项资源需求量计划直接为物资供应工作提供数据支持。

（5）景观工程施工组织设计对现场进行的规划与布置,为现场的文明施工创造了条件,并为现场平面管理提供了依据。

（6）景观工程施工组织设计对施工企业的施工计划起决定和控制性作用。施工计划是根据施工企业对市场进行的科学预测和中标结果,结合本企业的具体情况制定出的企业不同时期应完成的生产计划和各项技术经济指标。施工组织设计是按具体的拟建工程的开竣工时间编制的指导施工的文件。因此,施工组织设计与施工企业的施工计划之间有着极为密切、不可分割的关系。施工组织设计是编制施工企业施工计划的基础;反过来,制定施工组织设计又应服从企业的施工计划。两者是相辅相成、互为依据的。

（7）景观工程施工组织设计是提高园林艺术水平和创造园林艺术精品的主要途径。园林艺术产生、发展和提高的过程,实际上就是景观工程实施不断发展、提高的过程。只有把历代园林工匠精湛的施工技术和巧妙的手工工艺与现代科学技术和管理手段相结合,并将其运用于现代景观工程建设施工过程之中,才能创造出符合时代要求的现代园林艺术精品,也只有通过这一实践,才能促使园林艺术不断提高。

（8）景观工程施工组织设计是锻炼、培养现代景观工程建设施工队伍的基础。无论是出于我国景观工程施工队伍自身发展的要求,还是为适应经济全球化,使我国的景观工程建设施工企业走出国门、走向世界,都要努力培养一支新型的现代景观工程建设施工队伍。对理论人才的培养和对施工队伍的培养,都离不开景观工程建设施工的实践过程锻炼这一基础活动。只有通过景观工程实施的基础性锻炼,才能培养出想得到、做得出的景观工程建设施工人才和施工队伍,创造出更多的艺术精品;也只有力争走出国门,通过国外景观工程建设施工实践,才能锻炼出符合各国园林要求的景观工程建设施工队伍。

（9）通过编制景观工程施工组织设计,充分考虑施工中可能遇到的困难与障碍,主动调整施工中的薄弱环节,事先予以解决或排除,从而提高施工的预见性,减少盲目性,使管理者和生产者做到心中有数,为实现建设目标提供技术保证。

总之,施工组织设计将施工生产合理地组织起来,既规定了有关施工活动的基本内容,又保证了具体工程的施工得以顺利进行和完成。因此,施工组织设计的编制是具体工程施工准备阶段中各项工作的核心,在施工组织与管理工作中占有十分重要的地位。

三、施工组织设计与景观园林企业的施工计划与经营管理的关系

（一）施工组织设计与景观园林企业的施工计划的关系

景观园林企业的施工计划是根据国家或地区工程建设计划的要求,以及企业对园林绿

化市场进行的科学预测和中标结果,结合本企业的具体情况,制定出的企业不同时期的施工计划和各项技术经济指标。施工组织设计是按具体的拟建工程的开竣工时间编制的指导施工的文件。对于景观园林企业来说,施工计划与施工组织设计是一致的,并且施工组织设计是施工计划的基础。对于大型企业来说,当项目属于重点工程时,为了保证其按期交付使用,施工计划要服从重点工程、有工期要求的工程和续建工程的施工组织设计要求,施工组织设计对施工计划起决定和控制性作用;当施工项目属于非重点工程时,尽管施工组织设计要服从施工计划,但其施工组织设计本身对施工仍然起决定性作用。由此可见,施工组织设计与景观园林企业的施工计划两者之间有着极为密切、不可分割的关系。

(二)施工组织设计与景观园林企业的经营管理的关系

景观园林企业的经营管理主要体现在经营管理素质和经营管理水平两个方面。经营管理素质主要表现在竞争能力、应变能力、获利能力、技术开发能力和扩大再生产能力等方面;经营管理水平是计划与决策、组织与指挥、控制与协调和教育与激励等职能。无论是企业经营管理素质和水平的提高,还是企业经营管理目标的实现,都必须通过施工组织管理和施工组织设计的编制、贯彻、检查和调整来实现。由此可见,施工组织设计对景观园林企业的经营管理非常重要。

四、施工组织设计的分类

施工组织设计可按项目规模和范围、设计阶段、编制时间进行分类,具体说明如下。

(一)按项目规模和范围分类

按项目规模和范围,施工组织设计可分为施工组织总设计、单位工程施工组织设计和分部(项)工程施工组织设计。施工组织总设计、单位工程施工组织设计和分部(项)工程施工组织设计之间有以下关系:施工组织总设计是对整个建设项目的全局性战略部署,内容较概括,范围较广;单位工程施工组织设计在施工组织总设计的控制下,以施工组织总设计和企业施工计划为依据进行编制,其针对具体的单位工程,把施工组织总设计的内容具体化;分部(项)工程施工组织设计是以施工组织总设计、单位工程施工组织设计和企业施工计划为依据编制的,其针对具体的分部(项)工程,把单位工程施工组织设计进一步具体化,是专业工程具体的施工组织设计。

(二)按设计阶段分类

施工组织设计的编制一般同设计阶段相配合。

(1)设计按两个阶段进行时,施工组织设计分为施工组织总设计(扩大初步施工组织设计)和单位工程施工组织设计。

(2)设计按三个阶段进行时,施工组织设计分为施工组织大纲设计(初步施工组织条件设计)、施工组织总设计和单位工程施工组织设计。

（三）按编制时间分类

按编制时间，施工组织设计可分为投标前编制的施工组织设计（简称标前设计）和签订工程承包合同后编制的施工组织设计（简称标后设计）。

第二节　施工组织设计的内容

施工组织设计的内容一般根据工程项目的范围、性质、特点及施工条件、景观艺术、建筑艺术的需要来确定。施工组织设计应包括工程概况、施工计划、施工方案、施工现场平面布置图和主要技术经济指标五大部分。

一、工程概况

工程概况（施工准备计划）是对拟建工程的基本性描述，其对工程进行简要说明，陈述工程的基本情况，明确任务量、难易程度、质量要求等，为合理制定施工方法、施工措施、施工计划和施工现场布置图提供基础信息。工程概况主要包括：①工程的性质、规模、服务对象、建设地点、建设工期、承包方式、投资额和投资方式；②施工和设计单位的名称、上级要求、图纸以及施工现场的地质、土壤、水文、地貌、气象等条件；③园林景观、园林建筑数量和结构特征；④特殊施工措施、施工力量和施工条件；⑤材料的来源与供应情况、"三通一平"条件、运输能力和运输条件；⑥机具设备供应情况、临时设施解决方法、劳动力组织和技术协作水平等。

二、施工计划

施工计划涉及的项目较多，内容庞杂，其主要内容应根据工程规模和施工项目的复杂程度来确定。施工计划应尽量做到全面细致，具有针对性和预见性，同时文字上要简明扼要。

施工计划主要包括以下几方面的内容。

（1）施工进度计划。制定科学合理的施工计划的关键是做好施工进度计划。施工进度计划应依据总工期、施工预算、预算定额以及各单位工程的具体施工方案、施工单位现有的技术装备等进行编制。施工进度计划包括施工总进度计划和单位工程施工进度计划。施工总进度计划指全部工程项目的整个进度安排；单位工程进度计划指在整个工程项目中完成各单位工程的具体时间安排。

（2）工程量。工程量应根据施工图和工程计算方法逐项计算求得，应注意使工程量单位一致。

（3）劳动力计划。劳动力计划包括总劳动力和每道工序所需的劳动力、劳动力的来源、具体的劳动组织形式等。

（4）材料、工具供应计划。材料、工具供应计划涉及苗木、工具等的供应，包括用量、规格、型号、使用日期等。

（5）车辆、机械使用计划。根据工程需要提出所需的机械、车辆，并说明机械、车辆的型号、日用台班数和具体使用日期。

（6）为保证完成任务制定的措施。这些措施包括思想教育和宣传鼓励措施，计划、统计管理措施，财务管理措施，技术和质量管理措施，安全生产措施，等等。

三、施工方案

施工方案是简化的施工组织设计，主要以中、小型的单一专业工程或分部工程为对象进行编制。其对单一专业工程和分部工程的施工进行安排部署，主要由施工方法和施工措施组成，是指导单一专业工程和分部工程施工的技术经济文件。施工方案通常由施工的基层单位编制。编制时，根据工程特点和规模，可对内容进行扩大或简化。施工方案择优选用是施工组织设计的重要环节之一。

（一）施工方案的拟定

在确定施工方案时不仅要拟定分项工程的操作过程、方法和施工注意事项，还要提出质量要求和应采取的技术措施。这些技术措施主要包括：施工技术规范、操作规程的施工注意事项、质量控制指标及相关检查标准；季节性施工措施；降低施工成本的措施；施工安全措施和消防措施；等等。同时，应预料可能出现的问题及应采取的防范措施。

例如：卵石路面铺地工程，应说明土方工程的施工方法、路基夯实方式和要求、卵石镶嵌方法（干栽法或湿栽法）及操作要求、卵石表面的清洗方法和要求等；驳岸施工中则要制定土方开槽、砌筑、排水孔、变形缝等的施工方法和技术措施。

（二）施工方案技术经济分析

由于景观工程的复杂性和多样性，各分部工程或某一施工工序可能有几种施工方法，从而产生多种施工方案。为了选择一个合理的施工方案，提高施工经济效益，降低成本，提高施工质量，在选择施工方案时，进行施工方案的技术经济分析是十分必要的。

施工方案的技术经济分析有定性分析和定量分析两种方法。定性分析是结合经验进行一般的优缺点比较，例如：是否符合工期要求；是否满足成本低、经济效益高的要求；是否切合实际，操作性是否强；是否达到一定的先进技术水平；材料、设备是否满足要求；是否有利于保证工程质量和施工安全；等等。定量分析是通过计算出劳动力、材料消耗、工期和成本费用等诸多经济指标后进行比较，从而得出好的施工方案。在比较分析时应坚持实事求是的原则，力求数据准确、真实，不得变相润色后再进行比较。

四、施工现场平面布置图

施工现场平面布置图是用以指导工程现场施工的平面图，它主要解决施工现场的合理工作问题。施工现场平面布置图设计的主要依据是工程施工图、施工方案和施工进度计划。施工现场平面布置图的比例一般采用1：200~1：500。

（一）施工现场平面布置图的内容

施工现场平面布置图的内容主要包括：①工程临时范围和相邻的部位；②建造临时性建筑的位置、范围；③各种已有的确定建筑物和地下管道；④施工道路的进出口位置；⑤测量基线与监测监控点；⑥材料、设备和机具堆放场地和机械安置点；⑦供水供电线路、加压泵房和临时排水设备；⑧一切安全和消防设施的位置。

（二）施工现场平面布置图的设计原则

（1）在满足现场施工的前提下应布置紧凑，使平面空间合理有序，尽量减少临时用地。

（2）在保证顺利施工的前提下，为节约资金，减少施工成本，应尽可能减少临时设施和临时管线。要有效利用工地周边可利用的原有建筑物，将其作为临时用房；供水供电等系统管网应最短；临时道路的土方量不宜过大，路面铺装应简单，合理布置进出口；为了便于施工管理和日常生产，新建临时用房应视现场情况多进行周边式布置，且不得影响正常施工。

（3）最大限度减少现场运输，尤其避免场内多次搬运，因为场内多次搬运会增加运输成本，影响工程进度。为此，应对道路进行环形设计，合理安排工序、机械安装位置和材料堆放地点；选择适宜的运输方式和运输距离；按施工进度组织生产材料。

（4）要符合劳动保护、技术安全和消防的要求。场内的各种设施不得有碍于现场施工，应确保安全，保证现场道路畅通。各种易燃物品和危险品的存放应满足消防安全要求，制定严格的管理制度，配置足够的消防设备并设置明显的标记。在某些特殊地段，如易塌方的陡坡处，要进行标注并提出防范意见和措施。

（三）施工现场平面布置图的设计方法

一个合理的施工现场平面布置图有利于现场施工的顺利进行。施工现场平面布置图的设计除要遵循上述基本原则外，还应采取有效的设计方法，如下所示。

（1）现场勘察，认真分析施工图、施工进度和施工方法。

（2）布置道路出入口，对临时道路进行环形设计，并注意其承载能力。

（3）设置施工管理和生活临时用房。

（4）布置供水供电管网。

（5）合理安排大型机械的安装地点和材料的堆放地点。

五、主要技术经济指标

主要技术经济指标用于对确定的施工方案和施工部署的技术经济效益进行全面评价，以衡量组织施工的水平。施工组织设计常用的主要技术经济指标包括：工期指标；劳动生产率指标；机械化施工程度指标；质量、安全指标；降低成本指标；节约"三材"（钢材、木材、水泥）指标。

第三节 施工组织设计的编制

施工组织设计是对拟建工程的施工提出全面规划、部署,用来指导工程施工的技术性文件。景观工程施工组织设计的本质是根据景观工程的特点与要求,以先进科学的施工方法和组织手段,科学合理地安排劳动力、材料、设备、资金和施工方法,以达到人力与物力、时间与空间、技术与经济、计划与组织等诸多方面的合理优化配置的目的,从而保证施工任务的顺利完成。

一、施工组织设计的编制原则

在编制过程中,应遵循相关的施工规律、理论和方法。在编制方法上,应集思广益,逐步完善。编制施工组织设计时应遵循以下原则。

(1)严格按照国家相关政策、法规和工程承包合同进行编制。

(2)采用先进的施工技术和管理方法,选择合理的施工方案实现工程进度的最优设计。

(3)符合景观工程特点,体现园林综合特性。景观工程大多为综合性工程,涉及的施工范围非常广泛。景观工程施工组织设计应满足实际设计的要求,严格遵守设计图样规范和相关要求,不得随意修改设计内容,并对实际施工中可能遇到的其他情况拟定防范措施。因此,必须透彻理解景观工程图样,熟悉相关园林工艺流程、工程技法,只有这样才能编制出有针对性的、切实可行的、能够实现工期和资本最优组合的景观工程施工组织设计。

(4)重视工程的验收工作,确保工程质量和施工安全。

二、施工组织设计的编制依据与程序

(一)总体施工组织设计的编制依据

1. 建设项目基础文件

(1)建设项目可行性报告和批准文件。

(2)建设项目规划红线范围和用地标准文件。

(3)建设项目勘测设计任务书、图样和说明书。

(4)建设项目初步设计或技术设计批准文件以及设计图样和说明书。

(5)建设项目总概算或设计总概算。

(6)建设项目招标文件和工程承包合同文件。

2. 工程建设政策、法规、规范资料

(1)工程建设程序有关规定。

(2)动迁工作有关规定。

(3)工程项目实行施工监理有关规定。

(4)建设管理机构资质管理有关规定。

（5）有关定额及其参考标准。

（6）工程设计、施工和验收有关规定。

3. 建设地原始调查资料

（1）工程项目所在地区自然、经济资料。

（2）工程项目所在地区气象资料。

（3）地形地貌、工程地质和水文地质资料。

（4）土地利用情况、交通运输能力和价格资料。

（5）地区绿化材料、建筑材料等供应情况资料。

（6）地区供水、供电、供热、通信能力和价格资料。

（7）地区园林企业状况资料。

4. 类似施工项目经验资料

（1）类似施工项目管理经验资料。

（2）类似施工项目质量控制资料。

（3）类似施工项目工期控制资料。

（4）类似施工项目成本控制资料。

（5）类似施工项目技术成果资料。

（二）单项工程施工组织设计的编制依据

（1）相关国家方针、政策、规范、规程以及工程预算定额。

（2）单项工程全部施工图样及其相关标准。

（3）单项工程地质勘测报告、地形图以及工程测量控制图。

（4）承办单位年度施工计划对本工程开竣工的时间要求。

（5）建设项目施工组织总体设计对本工程的工期、质量和成本控制的目标要求。

三、施工组织设计的编制程序

施工组织设计必须按一定的先后顺序进行编制,这样才能保证其科学性和合理性。常用施工组织设计的编制程序如下。

（1）熟悉施工工程图,领会设计意图,收集有关资料,认真分析,研究施工中的问题。

（2）将景观工程合理分项并计算各自的工程量,确定工期。

（3）确定施工方案、施工方法,进行技术经济比较,选择最优方案。

（4）编制施工进度计划（横道图或网络图）。

（5）编制施工必需的设备、材料、构件和劳动力计划。应根据具体工程的要求工期与工程量,合理安排劳动力投入计划,既要在要求的工期内完成规定的工程量,又要做到经济、节约。科学的劳动力安排计划要实现各工种的相互配合以及劳动力在各施工阶段之间的有效调剂,从而实现各项指标的最佳安排。现代景观工程的规模日益大型化,大型景观工程的实施须借助多种有效的机械设备才能达到良好的运作。良好的机械设备投入计划往往能够达到事半功倍的效果。

（6）布置临时施工、生活设施，做好"三通一平"工作。

（7）编制施工准备工作计划。

（8）绘出施工现场平面布置图。

（9）计算技术经济指标，确定劳动定额，加强成本核算。

（10）拟定技术安全措施。

（11）成文报审。

第三章　施工项目管理

第一节　施工现场管理

施工现场管理是施工单位进行企业管理的一项重要内容,是影响工程建设完成程度的关键因素。施工现场管理的对象是施工项目,施工现场管理的主体是施工企业或其授权的项目经理部。施工现场管理要求施工企业或其授权的项目经理部采取有效方法对施工全过程,包括投标签约、施工准备、施工、验收、竣工结算和用后服务等阶段进行管理,以及对各生产要素进行决策、计划、组织、指挥、控制、协调、教育和激励。

一、施工现场管理的内容

(1)合理规划施工用地,保证施工场地内占地的合理使用。当场内空间不充分时,应会同建设单位、规划部门和公安交通部门共同商讨,经申请批准后获得并使用场外临时施工用地。

(2)在施工组织设计中,科学地进行施工总平面设计。施工组织设计是施工现场管理的重要内容和依据,尤其是施工总平面设计,其目的是对施工场地进行科学规划,以便合理利用空间。在施工平面图上,临时设施、大型机械、材料堆放、物资仓库、构建堆放、消防设施、道路及其进出口、水电管线、周转使用场地等都应各得其所,合理合法,从而使现场文明。这样有利于安全和环境保护,有利于节约,也有利于工程施工。

(3)根据施工进展的具体需要,按阶段调整施工现场的平面布置。在不同的施工阶段,施工的需要不同,现场的平面布置也应进行调整。其中,施工内容变化是主要原因,此外分包单位有时也会对施工现场提出新的要求。因此,不应当把施工现场当成一个固定不变的空间组合,而应当对它进行动态管理和控制,但是调整也不宜太频繁,以免造成浪费。

(4)加强对施工现场使用的检查。现场管理人员应经常检查现场布置是否按平面布置图进行,是否符合各项规定,是否满足施工需要,还有哪些薄弱环节,从而为调整施工现场布置提供有用的信息,也使施工现场保持相对稳定,不被复杂的施工过程打乱或破坏。

(5)建立文明施工现场。文明施工现场指按照有关法规的要求,使施工现场和临时占地范围内秩序井然,文明安全,使环境得到保护,绿地树木不被破坏,交通畅达,文物得以保存,防火设施完备,居民不受干扰,场容和环境卫生均符合要求。建立文明施工现场有利于提高工程质量和工作质量,提高企业信誉。为此,应当做到主管挂帅、系统把关、普遍检查、建章建制、责任到人、落实整改、严明奖惩。

①主管挂帅：公司和工区均成立主要领导挂帅、各部门主要负责人参加的施工现场管理领导小组，在企业范围内建立以项目管理班子为核心的现场管理组织体系。

②系统把关：各管理业务系统对现场的管理进行分口负责，每月组织检查，发现问题及时整改。

③普遍检查：对现场管理的检查内容，按要求逐项检查，填写检查报告，评定现场管理先进单位。

④建章建制：建立施工现场管理规章制度和实施办法，依规办事，不得违背。

⑤责任到人：管理责任不仅明确到部门，而且各部门明确到人，以便落实管理工作。

⑥落实整改：对各种问题，一旦发现，必须采取措施纠正，避免再度发生。无论涉及哪一级、哪一部门、哪一个人，决不能姑息迁就，必须整改落实。

⑦严明奖惩：如果成绩突出，应按奖惩办法予以奖励；如果存在问题，要按规定给予必要的处罚。

（6）及时清场转移。施工结束后，项目管理班子应及时组织清场，将临时设施拆除，组织剩余物资退场并向新工程转移，以便整治规划场地，恢复临时占用土地，不留后患。

二、施工现场管理的方法

施工现场管理根据施工计划和施工组织设计，对报建工程项目在施工过程中的进度、质量、安全、节约和现场平面布置等方面进行指挥、协调和控制，以达到施工过程中不断提高经济效益的目的。

（一）组织施工

组织施工是依据施工方案对施工现场进行有计划、有组织的均衡施工的活动。组织施工必须做好以下三方面的工作。

（1）施工中要有全局意识。景观工程是一种综合性艺术工程，工种复杂，材料繁多，施工技术要求高，这就要求现场施工管理全面到位，统筹安排。在注重关键工序施工的同时，不得忽视非关键工序的施工，各工序施工务必衔接清楚，材料机具供应到位，从而使整个施工过程顺利进行。

（2）组织施工要科学、合理和实际。施工组织设计中拟定的施工方案、施工进度、施工方法是科学合理组织施工的基础，应认真执行。施工中还要密切注意不同工作的时间要求，合理组织资源，保证施工进度。

（3）施工过程要做到全面监控。施工过程是繁杂的工程实施活动，各个环节都有可能出现一些在施工组织上、设计中未考虑到的问题，要根据现场情况及时调整和解决，以保证施工质量。

（二）编制施工作业计划

施工作业计划和季度计划是对基层施工组织在特定时间内以月度施工计划的形式下达

施工任务的一种管理方式,虽然下达的施工期限很短,但对保证年度计划的完成具有重要意义。

1. 施工作业计划的编制依据

（1）工程项目施工期与作业量。

（2）企业多年来基层施工管理的经验。

（3）上个月计划完成的状况。

（4）各种先进合理的定额指标。

（5）工程投标文件、施工承包合同和资金准备情况。

2. 施工作业计划的编制方法

施工作业计划的编制因工程条件和施工单位的管理习惯不同而有所差异,计划的内容也有繁简之分。在编制方法上,大多采用定额控制法、经验估算法和重要指标控制法三种。①定额控制法是利用工期定额、材料消耗定额、机械台班定额和劳动力定额等测算各项计划指标的完成情况,编制出计划表。②经验估算法是参考上年度计划完成的情况和施工经验估算当前的各项指标。③重要指标控制法是先确定施工过程中哪几个工序为重点控制指标,从而制定出重点指标计划,再编制其他计划指标。实际工作中可综合运用这三种方法进行编制。

（三）编制施工任务单

施工任务单是由施工单位按季度施工计划给施工单位或施工队所属班组下达施工任务的一种管理方式。编制施工任务单有助于基层施工班组明确施工任务和工程范围,有助于全面把握工程的工期、安全、质量、技术、节约等要求,也有利于考核工人和施工组织。

1. 施工任务单的使用要求

（1）施工任务单是下达给施工班组的,因此施工任务单所规定的任务、指标要明确具体。

（2）施工任务单的制定应以作业计划为依据,实事求是,符合基层作业情况。

（3）施工任务单中所拟定的质量、安全、技术与节约措施应具体化,易操作。

（4）施工任务单工期以半个月到一个月为宜,下达、回收要及时。班组细致认真地填写施工进度并及时总结分析工程情况。所有施工任务单均要妥善保管。

2. 施工任务单的执行

基层班组接到施工任务单后,要详细分析任务要求,了解工程范围,做好实地调查工作。同时,班组负责人要召集施工人员,为其讲解施工任务单中规定的主要指标和各种安全、质量、技术措施,明确具体任务。在施工中要经常进行检查、监督,对出现的问题进行及时汇报并采取应急措施。各种原始数据和资料要认真记录和保管,为工程完工验收做好准备。

（四）现场施工平面管理

现场施工平面管理是指根据施工现场平面布置图对施工现场水平工作面的全面控制活动,其目的是充分发挥施工场地的工作面特性,合理组织劳动资源,按进度计划有序施工。景观工程施工范围广、工序多、工作面分散,做好施工平面管理对施工任务顺利完成具有重要意义。

（1）施工现场平面布置图是施工总平面管理的依据,应认真予以落实。

（2）实际工作中如发现施工现场平面布置图与现场情况不符,要根据具体的施工条件提出修改意见。

（3）平面管理的实质是水平工作面的合理组织。因此,要视施工进度、材料供应、季节条件等进行劳动力安排。

（4）在现有的游览景区内施工,要注意园内的秩序和环境。材料堆放、运输应有一定的限制,避免景区混乱。

（5）平面管理要注意灵活性与机动性。对不同的工序或不同的施工阶段采取相应的措施。例如,夜间施工可调整供电线路,雨季施工要组织临时排水,突击施工要增加劳动力,等等。

（6）必须重视生产安全。施工人员要有足够的工作面,注意检查,掌握现场动态,消除安全隐患,加强消防意识,确保施工安全。

（五）施工调度

施工调度是对施工日常生产活动进行组织安排、控制协调和督促检查的工作,是有效使用机械、合理组织劳动力的一种施工管理手段。它是组织施工中各个环节、专业、工种协调动作的中心。其中心任务是通过检查、监督计划和施工合同的执行情况,及时全面地掌握施工进度和质量、安全、消耗的第一手资料,协调各施工单位（或各工序）之间的协作配合关系,科学组织劳动力,使各工作面发挥最高的工作效率。

施工调度的主要任务是监督、检查计划和工程合同的执行情况,协调总、分包及各协作单位之间的关系,及时全面地掌握施工进度,采取有效措施处理施工中出现的各种矛盾,克服薄弱环节,促进人力、物资的综合平衡,保证施工任务顺利完成。

合理进行施工调度是一个十分重要的管理环节,应重点注重以下几点。

（1）减少频繁的劳动资源调配,施工组织设计必须切合实际,科学合理,并将调度工作建立在计划管理的基础之上。

（2）施工调度着重于劳动力和机械设备的调配,为此要对劳动力技术水平、操作能力和机械的性能、效率等有准确的把握。

（3）施工调度时要确保关键工序的施工,有效协调关键线路的施工力量。

（4）施工调度要密切配合时间进度,结合具体的施工条件,因地制宜、因时制宜,实现时间与空间的优化组合。

（5）调度工作应具有及时性、准确性、预防性。

（六）施工过程的检查与监督

景观工程会被游人直接使用和接触,因此不能存在丝毫隐患。为此应重视施工过程的检查与监督工作,并将其视为保证工程质量必不可少的环节,检查与监督应贯穿于整个施工过程中。

1. 检查的种类

根据检查对象的不同,施工检查可分为材料检查和中间作业检查两类。材料检查是指对施工所需的材料、设备的质量和数量的相关记录进行检查。中间作业检查是指对施工过程中作业结果的检查验收,分为施工阶段检查和隐蔽工程验收两种。

2. 检查方法

1)材料检查

查材料包括材料入库记录、抽样指定申请、实验填报表和证明书等。不得购买假冒伪劣产品和材料;所购材料必须有合格证、质量检查证、厂家名称和有效使用日期;做好材料进出库的检查登记工作;要选派有经验的人员做仓库保管员,做好材料验收、保管、发放和清点工作,做到"三把关""四拒收",即把好数量关、质量关、单据关,拒收凭证不全、手续不整、数量不符、质量不合格的材料;绿化材料要根据苗木质量标准验收,保证成活率。

2)中间作业检查

中间作业检查是在工程竣工前对各工序施工状况的检查,对一般的工序可按时间或施工阶段进行检查。检查时要准备好施工合同、施工说明书、施工图、施工现场照片、各种质量证明材料和实验结果等。景观的艺术效果是重要的评价标准,应对其加以检验确认,主要通过形状、尺寸、质地、色彩等加以检测。对绿化材料的检查,要以成活率和生长状况为主,并做到多次检查验收。对于隐蔽工程,要及时申请检查验收,待验收合格后方可进行下道工序。在检查中如发现问题,要尽快提出处理意见。

三、施工现场管理的规章制度

(一)基本要求

(1)施工现场应设置企业标志。承包人项目经理部应负责施工现场场容、文明形象管理的总体策划和部署。各分包人应在承包人项目经理部的指导和协调下,按照分区划块原则,做好分包人施工用地区域的场容、文明形象管理规划并严格执行。

(2)项目经理部应在现场入口的醒目位置公示以下标牌:

①工程概况牌,包括工程规模、性质、用途、发包人、设计人、承包人、监理单位的名称和施工起止年月等;

②安全纪律牌;

③防火须知牌;

④安全生产无重大事故计时牌;

⑤安全生产、文明施工牌;

⑥施工平面布置图;

⑦施工项目经理部组织架构和主要管理人员名单图。

(3)项目经理部应把施工现场管理列入经常性巡视检查内容,并与日常管理有机结合,认真听取邻近单位、社会公众的意见和反映,及时整改。

(二)施工现场环境保护

(1)施工现场泥浆和污水未经处理不得直接排入城市排水设施和河流、湖泊、池塘。

(2)禁止将有毒有害废物作为土方回填。

（3）建筑垃圾、渣土应在指定地点堆放,每日进行清理。装载建筑材料、垃圾或渣土的车辆,应有防止尘土飞扬、撒落或流溢的有效措施。施工现场应根据需要设置机动车辆冲洗设施,冲洗污水应进行处理。

（4）应有相应措施对施工机械的噪声与振动进行控制。

（5）凡在居民稠密区进行强噪声作业的,必须严格控制作业时间,一般不得超过 22:00。

（6）经过施工现场的地下管线,应由发包人在施工前通知承包人,标出位置,加以保护。施工时如发现文物、古迹、爆炸物、电缆等,应停止施工,保护好现场,及时向有关部门报告,按照有关规定处理后方可继续施工。

（7）施工中需要停水、停电、封路而影响环境时,必须经过有关部门批准,事先公示。在行人、车辆通行的地方施工,应当设置沟、井、坎、穴覆盖物和标志。

（三）施工现场安全防护管理

1. 材料、机具存放安全要求

（1）存放大模板必须将地脚螺栓提上去,使自稳角为 70°~80°。长期存放的大模板,必须用拉杆连接绑牢。没有支撑或自稳角不足的大模板,要存放在专用的堆放架内。

（2）砖、加气块等应放稳固,高度不超过 1.5 m。脚手架上放砖的高度不准超过三层侧砖。

（3）水泥等袋装材料严禁靠墙码垛,砂、土、石料严禁靠墙堆放。

2. 临时用电安全防护

（1）临时用电必须按规范要求进行施工组织设计,建立必需的内业档案资料。

（2）临时用电必须建立对现场线路、设施的定期检查制度,并将检查、检验记录存档备查。

（3）临时配电线路必须按规范架设整齐,架空线必须采用绝缘导线,不得采用塑胶软线,不得成束架空敷设,也不得沿地面明敷设。施工机具、车辆及人员,应与内、外电线路保持安全距离,达不到规范规定的最小距离时,必须采用可靠的防护措施。

（4）配电系统必须分级配电。各类配电箱、开关箱的安装和内部设置必须符合有关规定,箱内电器必须可靠完好,其选型、定值要符合规定,开关电器应标明用途。各类配电箱、开关箱外观应完整、牢固、防雨、防尘,箱体应外涂安全色标,统一编号,箱内无杂物。停止使用的配电箱应切断电源,箱门上锁。

（5）独立的配电系统必须按标准采用三相四线制的接零保护系统,非独立系统可根据现场实际情况采取相应的接零或接地保护方式。各种电气设备和电力施工机械的金属外壳、金属支架和底座必须按规定采取可靠的接零或接地保护。

（6）手持电动工具的使用应符合国家标准的有关规定。工具的电源线、插头和插座应完好。电源线不得任意接长和调换,工具的外绝缘应完好无损,维修和保护应由专人负责。

（7）凡在一般场所采用 220 V 电源照明的,必须按规定布线和装设灯具,并在电源一侧加装漏电保护器。特殊场所必须按国家标准规定使用安全电压照明器具。

（8）电焊机应单独设开关。电焊机外壳应采取接零或接地保护。一次线长度应小于 5 m,二次线长度应小于 30 m,两侧接线应压接牢固,并安装可靠防护罩。

3. 施工机械安全防护

（1）制定施工机械使用过程中的定期检测方案。

（2）施工现场应有施工机械安装、使用、检测、自检记录。

（3）搅拌机应搭防砸、防雨的操作棚，使用前应固定，不得用轮胎代替支撑。移动时，必须先切断电源。启动装置、离合器、制动器、保险链、防护罩应齐全完好，安全可靠。搅拌机停止使用、料斗升起时，必须挂好料斗的保险链。维修、保养、清理时必须切断电源，设专人监护。

（4）机动翻斗车时速不超过 5 km，方向机构、制动器、灯光等应灵敏有效，行车中严禁带人。往槽、坑、沟卸料时，应保持安全距离并设挡墩。

（5）蛙式打夯机必须由两人操作，操作人员必须戴绝缘手套、穿绝缘胶鞋。操作手柄应采取绝缘措施。打夯机使用完毕后应切断电源，严禁在打夯机运转时清除积土。

（6）钢丝绳应根据用途保证足够的安全系数，凡表面磨损、腐蚀、断丝超过标准的，或打死弯、断胶、油芯外露的不得使用。

4. 操作人员的个人防护

（1）进入施工区域的人员必须戴安全帽。

（2）凡从事 2 m 以上、无法采取可靠防护设施的高处作业的人员必须系安全带。

（3）从事电气焊、剔凿、磨削作业的人员应使用面罩或护目镜。

（4）特种作业人员必须持证上岗，并佩戴相应的劳保用品。

（四）施工现场保卫、消防管理

（1）应做好施工现场的保卫工作，采取必要的防盗措施。现场应设立门卫，根据需要设置警卫。施工现场的主要管理人员在施工现场应当佩戴证明其身份的证卡，应采用现场施工人员标志。有条件时可对进出场人员使用磁卡管理。

（2）承包人必须严格按照《中华人民共和国消防法》的规定，在施工现场建立和执行防火管理制度，现场必须安排消防车出入口和消防通道，设置符合要求的消防设施，保持完好的备用状态。现场严禁吸烟，必要时设吸烟室。

（3）施工现场的通道、消防出入口、紧急疏散通道等，均应有明显标志或指示牌。有高度限制的地点应有限高标志。

（4）施工现场的材料保管，应依据材料性能采取必要的防雨、防潮、防晒、防冻、防火、防爆、防损坏等措施。

（5）更衣室、财会室和职工宿舍等易发生案件的地方要指定专人管理，制定防范措施，防止发生盗窃案件。严禁赌博、酗酒、传播淫秽物品和打架斗殴。

（6）料场、库房的设置应符合治安消防要求，并配备必要的防范设施。职工携物离开现场时，应出示出门证。

（7）施工现场要配备足够的消防器材，合理布局，经常维护、保养并采取防冻保温措施，保证消防器材灵敏有效。

（8）施工现场进水干管直径不小于 100 mm。消火栓处昼夜设有明显标志，配备足够的水龙头，周围 3 m 内不准存放任何物品。

（五）施工现场环境卫生和卫生防疫

（1）施工现场应经常保持整洁卫生。运输车辆不带泥沙出现场，并做到不沿途遗撒。

（2）施工现场不宜设置职工宿舍，必须设置时应尽量和施工场地分开。现场应准备必要的医务设施。在办公室内显著地点张贴急救车和有关医院的电话号码，根据需要制定防暑降温措施，进行消毒、防毒处理。施工作业区与办公区应分开。生活区周围应保持卫生，无污染、无污水。生活垃圾应分类、集中堆放，及时清理。

（3）承包人应在施工过程中进行必要的投保，应明确施工保险和第三者责任险的投保人和投保范围。

（4）冬季取暖炉的防煤气中毒设施必须齐全有效，应建立验收合格证制度，验收合格发证后，方准许使用。

（5）食堂、伙房要有一名工地领导主管食品卫生工作，并设有兼职或专职的卫生管理人员。食堂、伙房的设置需经过当地卫生防疫部门的审查、批准，要严格执行食品卫生有关的法律和管理规定。建立食品卫生管理制度，办理食品卫生许可证、炊事人员身体健康证和卫生知识培训证。

（6）伙房内外要整洁，炊具、用具必须干净，无腐烂变质食品。操作人员上岗必须穿戴整洁的工作服并保持个人卫生。食堂、操作间、仓库要做到生熟分开操作和保管，有灭鼠、防蝇措施，做到无蝇、无鼠、无蛛网。

（7）应进行现场节能管理，有条件的现场应下达能源使用规定。

（8）施工现场应有开水，饮水器具要卫生。

（9）厕所要符合卫生要求，施工现场内的厕所应由专人保洁，按规定采取冲水或加盖措施，及时打药，防止蚊蝇滋生。市区和远郊地区施工现场的厕所，墙壁屋顶要严密，门窗要齐全。

第二节　施工质量管理

一、施工质量管理的概念

施工质量是指通过工程施工全过程所形成的工程质量，其必须满足用户的生产或生活需要，而且必须达到设计、规范和合同规定的质量标准。施工质量管理是为达到工程施工质量要求所采取的作业技术和活动。

二、施工质量的影响因素

（一）人的质量意识和质量能力

人是质量活动的主体，对景观工程而言，人泛指与工程有关的单位、组织和个人，包括建设单位、勘察设计单位、施工承包单位、监理及咨询服务单位、政府主管及工程质量监督检测单位、策划者、设计者、作业者、管理者等。

（二）建筑材料、植物材料及相关工程用品

景观工程质量的水平很大程度上取决于园林材料和栽培园艺的发展，原材料、园林建筑装饰材料及其制品的开发，使人们对风景园林和景观建设产品的需求不断趋新、趋美和多样性。因此，材料、构配件和工程用品的质量规格、性能特征对景观工程的质量具有直接影响。

（三）工程施工环境

工程施工环境包括地质、地貌、水文、气候等自然环境和施工现场的通风、照明、安全卫生防护设施等劳动作业环境，以及由工程承发包合同涉及的多单位、多专业共同施工的管理关系，组织协调方式和现场质量控制系统等构成的环境。

（四）决策因素

决策因素（阶段因素）是指可行性研究、资源论证、市场预测、决策等方面的质量影响因素。决策人应从科学发展观的高度出发，充分考虑质量目标的控制水平和可能实现的技术经济条件，确保社会资源不浪费。

（五）设计阶段因素

在设计阶段，园林植物的选择，植物资源的生态习性，园林建筑物构造与结构设计的合理性、可靠性以及可施工性，都会直接影响施工质量。

（六）工程施工阶段的质量

施工阶段是实现质量目标的重要过程，施工方案的质量是施工阶段的重要影响因素，施工方案包括施工技术方案和施工组织方案。施工技术方案是指施工的技术、工艺、方法和机械、设备、模具等施工手段的配置；施工组织方案是指施工程序、工艺顺序、施工流向、劳动组织方面的决定和安排等。

（七）工程养护质量

景观工程对生态和景观有一定的要求，这两方面的质量依赖于施工过程中和施工完成后的养护，因此景观工程最终产品的形成也与工程养护期的工作质量息息相关。

三、施工质量的特点

景观工程产品（园林建筑、绿化产品）的质量与工业产品的质量显著不同。景观工程产品位置固定，占地面积通常较大，园林建筑单体结构较复杂，体量较小，分布较零散，整体协调性要求较高；园林植物具有生命；施工工艺流动性大，操作方法多样；园林要素构成复杂，质量要求不同，特别是很难满足隐含的质量要求；露天作业受自然和气候条件制约，建设周期长。所有这些特点，导致景观工程施工质量控制难度与其他建设项目不同，具体表现如下。

（1）制约工程质量的因素多，随机的、不确定的因素多。

（2）工程质量波动大,复杂性高。

（3）考核工程质量的难度大。

（4）工程软质景观质量考评标准有很强的专业性、地方性和主观性。

（5）技术检测手段很不完善。

（6）产品检查很难拆卸解体。

因此,景观工程质量管理控制是项目经理的首要任务,必须早期介入工程并进行全过程、全方位的质量管理。

四、施工质量管理的程序和方法

施工质量管理的程序可分为四个阶段、八个步骤和七种方法。

（一）施工质量管理的四个阶段

施工质量管理的四个阶段分别为计划（P）、执行（D）、检查（C）、处理（A）。质量管理和其他各项管理工作一样,要做到有计划、有措施、有执行、有检查、有总结,这样才能使整个管理工作循序渐进,保证工程质量不断提高。为不断揭示项目施工过程中在生产、技术、管理诸方面存在的质量问题,可采用 PDCA 循环方法（见图 3-1）。

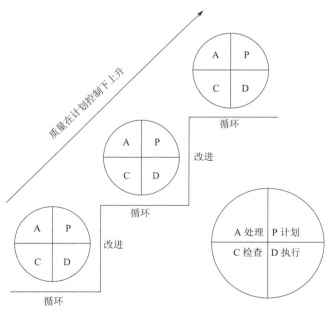

图 3-1　PDCA 循环

第一阶段为计划（P）阶段,主要内容为确定任务、目标、活动计划和拟定措施。

第二阶段为执行（D）阶段,主要内容为按照计划要求和制定的质量目标、质量标准、操作规程组织实施,进行作业标准教育,按作业标准施工。

第三阶段为检查（C）阶段,主要内容为通过作业过程、作业结果将实际工作结果与计划内容进行对比,检查是否达到预期效果,找出问题和异常情况。

第四阶段为处理(A)阶段,主要内容为总结经验,改正缺点,将遗留问题转入下一循环。

(二)施工质量管理的八个步骤

PDCA 四个阶段又可分为八个步骤。第一阶段有四个步骤,第二、第三阶段各有一个步骤,第四阶段有两个步骤,分述如下。

第一步,分析现状,找出存在的质量问题,并用数据加以说明。

第二步,掌握质量规格、特性,分析产生质量问题的主要因素。

第三步,找出产生质量问题的主要因素,通过抓主要因素解决质量问题。

第四步,针对产生问题的主要因素,制定计划和活动措施。计划和措施应明确,有目标、有期限、有分工。

第五步,即第二阶段。

第六步,即第三阶段。

第七步,处理检查结果,按检查结果总结成败两方面的经验教训。将成功的经验纳入标准、规程,予以巩固;不成功的,出现异常时,应调查原因,消除异常,吸取教训,引以为戒,防止再次发生。

第八步,处理本循环尚未解决的问题,将其转入下一循环中,通过再次循环加以解决。

随着循环管理不停进行,原有的矛盾解决了,又会产生新的矛盾,矛盾不断产生又不断被克服,如此循环不止。每一次循环都把质量管理活动推向一个新的高度。

(三)施工质量管理的七种方法

施工质量管理常用的统计分析方法有调查表法、分层法、排列图法、因果分析图法、直方图法、控制图法和相关图法等七种。其中,最常用的方法是排列图法和因果分析图法。

(1)调查表法,又称为调查分析法。它是利用专门设计的调查表(分析表)对质量数据进行收集、整理和粗略分析获得质量状态的一种方法。

(2)分层法,又称为分类法、分组法。它是将调查收集的原始数据,根据不同的目的和要求,按某一性质进行分组、归类和整理的分析方法。

(3)排列图法。它是利用排列图寻找影响质量的主次因素的一种有效方法。排列图又称巴雷特图或主次因素分析图,它由两个纵坐标、一个横坐标、几个连起来的长方形和一条曲线组成(见图3-2)。左侧纵坐标表示频数或件数,右侧纵坐标表示累计频率,横坐标表示影响质量的因素或项目,按影响程度大小(频数)从左至右排列,长方形的高度表示某个因素的影响大小(频数)。实际应用中,通常按累计频率划分为 0~80%、80%~90%、90%~100% 三部分,与其对应的影响因素分别为 A、B、C 三类,A 类为主要因素,B 类为次要因素,C 类为一般因素。根据右侧纵坐标,画出累计频率曲线(又称巴雷特曲线)。

(4)因果分析图法,又称为树枝图法或鱼刺图法。它是一种逐步深入研究和讨论质量问题的图示方法。因果分析图可以帮助制定对策,解决工程质量上存在的问题,从而达到控制质量的目的,其基本形式如图3-3所示。由图3-3可见,因果分析图由质量特性(即质量结果,是指某个质量问题)、要因(产生质量问题的主要原因)、枝干(一系列箭头线,表示不同层次的原因)、主干(较粗的直接指向质量结果的水平箭头线)等组成。

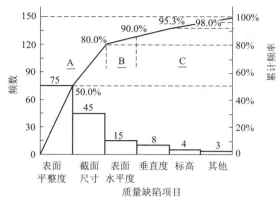

图 3-2 混凝土构件尺寸不合格排列图

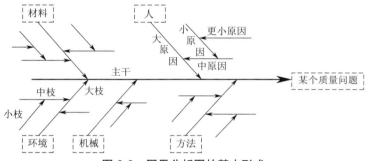

图 3-3 因果分析图的基本形式

在工程实践中,一种质量问题往往是由多种原因造成的。这些原因有大有小,把这些原因依照大小次序分别用主干、大枝、中枝和小枝表示出来,便可一目了然地观察出产生质量问题的原因。

(5)直方图法,又称为频数分布直方图法、质量分布图法或矩形图法。它是将收集到的质量数据进行分组整理,绘制成频数分布直方图,用以描述质量分布状态的一种分析方法。

(6)控制图法。控制图又称为管理图,它是在直角坐标系内画出有控制界限,描述生产过程中产品质量波动状态的图形。利用控制图区分质量波动的原因,判明生产过程是否处于稳定状态的方法即为控制图法。

(7)相关图法。相关图又称为散布图,就是把两个变量之间的相关关系,用直角坐标系表示出来,借以观察判断两个质量数据之间的关系,通过控制容易测定的因素达到控制不易测定的因素的目的,以便对产品或工序进行有效控制。

第三节 施工安全管理

安全生产是施工项目重要的控制目标之一,也是衡量施工项目管理水平的重要标志。因此,施工项目必须把实现安全生产当作组织施工活动时的重要任务。

施工安全管理就是在项目施工过程中组织安全生产的全部管理活动。通过对生产因素具体状态的控制,将生产因素不安全的行为和状态减少或消除,不引发事故,尤其是不引发使人受到伤害的事故,使施工项目效益目标的实现得到充分保证。

一、施工安全技术

虽然施工中高空作业和易燃易爆、有毒有害材料较少,但景观工程施工大多是露天作业,受环境、气候的影响较大,而且施工队伍是一个由多工种组成的队伍,人员多、工种繁杂,再加上施工队伍作业分散,因此安全管理工作十分重要。

(一)施工安全技术的特点

(1)分项工程的多样性和施工条件的差异性,决定了景观工程施工没有固定的通用施工方案,因此也没有通用的安全技术措施。

(2)施工的季节性和人员的流动性,决定了施工企业中的季节工和临时工占相当大的比例,因此安全教育和培训任务重、工作量大。

(3)安全技术涉及面广,包括电气、起重、运输、机械加工和防火、防爆、防尘、防毒、高处作业等多专业的安全技术。

(二)施工安全技术的要求

(1)各级施工管理单位的干部和工程技术人员必须掌握并认真执行《中华人民共和国安全生产法》《建设工程安全生产管理条例》等的各项规定;各工种的工人,必须熟悉本工种的安全技术操作规程。凡是不了解相关安全规程的技术人员和未经过安全技术培训的工人,不能参加施工。

(2)为了做到安全生产、文明生产,必须在施工前编制施工组织设计,做好施工平面布置。一切附属设施的搭设、机械安装、运输道路、上下水道、电力网和其他临时工程的位置,都需在施工组织设计场区规划中仔细合理安排,做到既安全文明,又合理使用平面和空间。

(3)施工现场有悬崖、陡坡等危险的地区,应设栅栏和警戒标志,夜间要设红灯示警。

(4)在坡上施工时要注意坡下情况,防止重物滚落或滑移造成伤害。

(5)施工现场的一切机械、电气设备、安全防护装置要齐全可靠。

(6)工地内架设电气线路,必须符合有关规定。电气设备必须全部接零、接地。

(7)电动机械和手持电动工具(电钻、电刨等)要安装漏电保护装置。

(8)大树移植的挖掘、吊装、运输、定植过程均须采取合理的支护、加固措施。

(9)严格执行安全技术交底制度。

(三)土石方工程和拆除工程的安全要点

1. 土石方工程的安全要点

(1)一般要求。园林建筑特别是风景区园林建筑施工的土石方工程很多,施工时要挖掘许多坑、沟、槽,容易发生意外事故。为了防止发生意外,要求土石方工程施工前应做好地质、地下设备(如管道、电缆等)的调查和勘察工作。挖基坑、井坑时,应视土壤的性质、湿度和深度设计安全边坡或固壁支撑标准。对特殊的沟坑，必须经过专门设计后才能开挖。岩石爆破工程要按照《爆破安全规程》（GB 6722—2014）等标准进行操作。

（2）人力挖掘安全要求。人力挖掘土石方应自上而下进行，不可掏空底脚，以免塌方。在同一坡面作业时，不得上下同时开挖，也不得上挖下运。为了避免塌方和保证安全，开挖深度和坡度要符合有关规定。

（3）机械挖掘安全要求。使用机械挖掘土石方前，应发出信号。在挖掘机推杆旋转范围内，不许进行其他作业。推土机推土时，禁止驶至坑、槽和山坡边缘，以防止下滑翻车。推土机推土的最大上坡坡度不得超过25°，最大下坡坡度不得超过35°。

2. 拆除工程的安全要点

对建、构筑物进行拆除的作业称为拆除工程。由于这类建、构筑物多已危旧，作业地点也较杂乱，因此在作业中要特别注意安全，进行拆除工程作业的安全要点如下。

（1）在进行拆除作业之前，先对被拆除物的结构强度进行全面详细的调查，制定拆除施工方案。

（2）将各种管线切断或迁移。

（3）在拆除物周围设安全围栏，无关人员不得进入。

（4）对有倒塌危险的结构物要临时加固。

（5）遵照拆除方案，自上而下地顺序进行，禁止数层或室内外同时拆除。

（6）拆除建筑物时，楼板上不准多人聚集或集中堆放材料。

（7）采用推倒拆除法和爆破拆除法时，必须经设计计算并制定专项安全技术措施后方可进行。

二、施工安全管理与控制

施工安全管理与控制是在施工中避免生产事故发生，杜绝劳动伤害，保证良好施工环境的管理活动。它是保护工人安全健康的企业管理制度，是搞好工程施工的重要措施。因此，施工单位必须高度重视安全生产管理，把安全工作落实到工程计划、设计、施工、检查等工作环节之中，把握施工中重要的安全管理点，做到未雨绸缪，安全生产。

（一）建立健全安全生产管理机构

安全生产管理机构指的是生产经营单位专门负责安全生产监督管理的内设机构，其工作人员是专职（有时兼职）的安全生产管理人员。

安全生产管理机构的作用是落实国家有关安全生产的法律法规，组织生产经营单位内部各种安全检查活动，负责日常安全检查，及时整改各种事故隐患，监督安全生产责任制落实等。它是施工单位安全生产的重要组织保证。

安全生产管理机构的职责主要包括：落实《建设工程安全生产管理条例》等国家有关安全生产法律法规和标准，编制并适时更新安全生产管理制度，组织开展全员安全教育培训和安全检查等活动。

作为施工企业，必须设置强有力的安全生产管理机构和安全检查人员，否则国家安全生产方针、政策、法规、标准和企业安全生产规章制度将无法落实,安全生产将难以实现,这是多年实践得出的经验。为此企业应做到:①设置符合工程规范要求的安全机构,并建立自上而下的安全生产管理体系;②明确企业安全专职机构和各类安全人员的职责规范;③建立群众安全监督组织。

(二)制定安全生产制度和安全技术管理措施

1. 制定安全生产制度

制定安全生产制度必须符合国家和地区的有关政策、法规、条例和规程,结合施工项目的特点,明确各级各类人员安全生产责任制并要求全体人员必须认真贯彻执行。建立健全各级安全生产责任制,明确规定各级领导人员、各专业人员在安全生产方面的职责,并认真严格执行,对发生的事故必须追究各级领导人员和各专业人员的责任。可根据具体情况,建立劳动保护机构,并配备相应的专业人员。

(1)工程项目的一切施工活动必须要有书面的作业指导书,作业指导书中必须要有安全施工措施专题,并在施工前对参加施工的所有人员进行交底。无措施或未交底,严禁施工。

(2)重要临时设施、重要施工工序、特殊作业、季节性施工、多工种交叉等施工项目的安全施工措施须经施工技术、安监管理等部门审查,总工程师批准后执行。

(3)重大起重及运输作业、特殊高处作业及带电作业、爆破等危险作业项目的安全施工措施和方案,须经施工技术、机械管理和安监部门审查,经总工程师批准,办理相关作业手续后执行。

(4)对于不认真执行安全施工措施或擅自更改安全施工措施的行为,一经检查发现,应对责任人进行严肃处理。

(5)对施工现场进行有效管理,防止无关人员进入。

2. 制定安全技术管理措施

编制施工组织设计时,必须结合工程实际,制定切实可行的安全技术管理措施。要求全体人员必须认真贯彻执行安全技术管理措施。执行过程中发现问题,应及时采取妥善的安全防护措施。要不断积累安全技术管理措施在执行过程中的技术资料,对其进行研究分析与总结,以利于以后工程借鉴。

安全技术管理措施主要包括:保证施工安全生产、改善劳动条件、防止伤亡事故、预防职业病等各项技术管理措施。

(1)编制作业指导书和安全施工管理措施,应符合下列要求:①针对工程施工特点,指出危险点和重要控制环节与对策;②明确作业方法、流程和操作要领;③根据人员和机械(机具)配备,提出保证安全的措施;④针对施工环境和条件,提出安全防护和文明施工的标准和要求;⑤指出发生危险和紧急情况时的针对性预防和应对措施。

(2)建立完善的安全生产管理体系。设有相应的安全组织,配备专人负责。做到专管成线,群管成网。

(3)各施工单位应根据"管生产必须管安全"的原则,建立本单位的安全组织,成立安全领导小组,确定安全负责人,负责所承担工程的安全管理。

（4）参与工程建设的各单位可根据工程规模和人员数量,设置安全生产管理机构,或专（兼）职安全生产管理人员。

（5）施工现场内要建立良好的安全作业环境。例如,悬挂安全标志,张贴安全宣传品,佩戴安全袖章,举办安全技术讨论会、演示会,定期召开安全总结会议,等等。

（6）在同一施工现场,建设管理单位为总负责单位,各参建单位除负责本单位施工安全外,还应服从现场总负责单位的监督检查和管理。

（7）参与工程建设的各单位(包括分包单位)必须健全各级、各部门、各类人员的安全职责,明确考核办法,认真落实。

（8）强化施工过程的管理。施工单位必须建立健全如下管理制度:安全生产责任制、安全例会制度、安全教育培训制度、安全检查制度、安全奖惩制度、安全施工措施和作业票管理制度、安全防护设施管理制度、危险作业审批制度、事故调查处理统计报告制度、文明施工和环境保护管理制度、防火防爆和危险物品管理制度、分包工程安全管理制度、安全用电管理制度、机械设备和工器具管理制度、车辆交通安全管理制度、未成年工和女工特殊保护管理制度、施工现场安全保卫制度、职业危害控制管理制度等。

（9）建设管理单位根据实际情况完善以上管理制度。

（三）进行安全教育和安全技术培训

为提高施工企业安全生产水平,要坚持进行安全教育和安全技术培训工作,其内容主要包括:政治思想教育、有关安全法律法规教育、劳动保护方针政策教育、安全技术规程和规章制度教育、安全生产技术知识教育、安全生产典型经验和事故教训等。此外,还要组织全体施工人员认真学习国家、地方和本企业的安全生产责任制、安全技术规程、安全操作规程和劳动保护条例等。新工人进入岗位之前应对其进行安全教育,特种专业作业人员要进行专业安全技术培训,考核合格后方能上岗。要使全体职工经常保持高度的安全生产意识,牢固树立"安全第一"的思想。具体做法如下。

（1）岗位教育。新工人、调换工作岗位的工人和生产实习人员,在上岗之前,必须对其进行岗位教育,其主要内容有:生产岗位的性质和责任,安全技术规程和规章制度,安全防护措施的性能和应用,个人防护用品的使用和保管,等等。经过学习并考核合格后,方能上岗独立操作。

（2）特殊工作人员的教育和训练。电气、焊接、起重、机械操作、车辆驾驶、大树伐移等特殊工种的工人,除接受一般性的安全教育之外,还必须进行专门的安全操作技术教育训练。

（3）经常性安全教育。开展各种类型的安全活动,如安全月、安全技术交流会、研讨会、事故现场会、安全展览会等。还应结合本单位的具体情况,有针对性地采取一些灵活多样的方式和方法,如安全挂图、实物模型展览、演讲会、科普讲座、电化教育、安全知识竞赛等,这些对提高工人的安全生产意识都是必不可少的。

（四）组织安全检查、及时处理安全事故

（1）为了确保施工安全生产,施工企业必须设有安全检查员。安全检查员要经常查看

现场,及时排除施工中的不安全因素,纠正违章作业,监督安全技术措施的执行,不断改善劳动条件,防止工伤事故的发生。在施工生产中,为了及时发现事故隐患,堵塞漏洞,防患于未然,必须对安全生产进行监督检查。要结合季节特点,制定防洪、防雷电、防坍塌、防高处坠落等措施。以自查为主,坚持领导和群众相结合的检查原则,做到边查边改。

工程施工中的人身伤亡和各种安全事故发生后,应立即进行调查,了解事故产生的原因、过程和后果,经过事故分析提出鉴定意见,并及时处理事故。同时,要在总结经验教训的基础上,有针对性地制定防止事故再次发生的可靠措施。

（2）工程中应努力避免伤害事故和恶性事故的发生。一旦出现安全事故,就要以高度的责任感严肃认真对待,果断采取措施,防止事态扩大,力求把损失降到最低限度。为此,施工企业要做好以下三个方面的工作。

①认真执行伤亡事故报告制度。要及时、准确地对发生的伤亡事故进行调查、登记、统计和处理。事故原因分析应着重从生产、技术、设备、制度和管理等方面进行,并提出相应的改进措施,对严重失职、玩忽职守的责任者,应追究其刑事责任。

②进行工伤事故统计分析。通过文字分析、数字统计、统计图表、工伤事故档案等对工伤事故进行统计分析。

③事故处理。当施工现场发生安全事故时,首先要排除险情,对受伤人员组织抢救;同时应立即向有关部门报告事故,并保护好现场,通知事故当事人、目击者在现场等候处理;对重大事故必须成立调查组,进行调查了解,在弄清事故发生过程和原因,确定事故的性质和责任后,提出处理意见,同时处理善后事宜;最后进行总结,从事故中吸取教训,找出规律和管理中的薄弱环节,制定防止事故发生的安全措施,杜绝重大事故再次发生,并报送上级主管部门。

（五）施工安全操作规程

1. 施工现场平面布置

（1）开工前,在施工组织设计中,必须有详细的施工平面布置图,运输道路、临时用电线路布置、各种管道、仓库、加工作业场所、主要机械设备位置和工地办公和生活设施等临时工程安排,且均要符合安全规定要求。

（2）施工现场应设置工程名称、建设单位、设计单位、监理单位、施工单位名称标牌,并有施工平面图、工程概况、安全纪律及有关安全规定等。

（3）划分管理区域,落实区域管理职责,坚持"谁主管、谁负责"的原则。

（4）现场排水设施应全面规划,排水沟的截面和坡度应进行计算,其设置不得妨碍交通和周围环境。

（5）施工用和生活用临建房要严格按规定搭设,严禁私搭乱建,不得建在高压线路下方。

2. 道路运输

（1）制定交通安全管理细则,按规定设置道路交通安全标志,干扰较大的交叉路口应设岗指挥。

（2）施工现场通道不得任意挖掘或截断,如因工程需要,必须开挖时,有关部门应事先协调、统一规划,并采取可靠措施。

（3）实行封闭式管理,凡在工程区域内行驶和运输作业的车辆都必须遵守有关机动车辆安全管理规定。

（4）道路尽量布置成环形,路面应平整、压实,并高出自然地面,道路宽度和转弯半径应符合规定要求。

3. 材料堆放

（1）现场材料、设备的堆放执行定置管理,各种材料、设备和构件等都必须按施工平面布置图规定的地点,分类堆放整齐、稳固;各类材料的堆放不得超过规定高度,严禁乱堆乱放,防止发生意外伤害事故。

（2）施工所用剩余器材、废料等要随时清理回收,并分类集中管理,做到"工完、料净、场地清",保持现场干净整洁。

（3）有毒有害物质和易燃易爆物品,应存放在严禁烟火的专用仓库,并设专人管理,建立管理制度,严格管理。

4. 安全设施

（1）安全设施如防护栏、防护罩、安全网及各种限制保险装置必须齐全有效,不得擅自拆除或移动。

（2）施工现场的危险部位应按规定设置明显标志和围栏,夜间应设红灯警示,严防伤亡事故发生。

（3）施工机械设备的安全设施必须完备。

5. 特种设备

（1）施工作业涉及的特种设备包括锅炉、压力容器（含气瓶）、起重机械等。

（2）特种设备的选用、安装和拆除等工作必须由具备相应资质的单位实施。

（3）特种设备正式使用前,必须到当地特种设备监察机构登记,经审查批准并取得使用证后方可使用。

（4）必须建立健全特种设备专门管理制度和档案,专人（取得特种作业证）管理,定期检验和维护保养。

（5）特种设备的安全防护设施和附件必须完备。

6. 防火

（1）编制施工组织设计时,应有消防安全要求、现场平面布置图、施工方法和施工技术,并符合消防安全规定。

（2）施工现场应明确划分用火作业、易燃材料的堆放、仓库、废品集中点的区域,并明确责任,提出要求,设置防火标志。

（3）施工现场应配备充足的消防器材和设施,如消防栓、沙箱、铁锹、灭火器等。

（4）施工现场明火作业,必须执行审批制度,经有关部门批准后方可动火,并制定有效的防火措施。

（5）有消防要求的工程的竣工验收,应邀请地方消防主管部门参加,按规定办理手续,方可验收和投入使用。

7. 爆破与防爆

（1）各施工单位应根据有关爆破规定和所承包工程的具体情况制定施工爆破安全管理办法，并将其实施于爆破作业的全过程。

（2）施工单位应根据工程的情况，制定爆破作业计划，重要、特殊部位需爆破时应进行爆破设计，报监理单位审核，大型爆破作业应向有关部门办理申报手续。

（3）爆破作业必须按规定时间进行，确定警戒范围，明确警报信号，做到统一指挥、统一时间、统一信号、统一组织警戒。

（4）炸药、雷管等火工器材必须从正规厂家和供货单位购买，为确保质量，要认真执行验收规定，使用时如发生炸药爆炸、雷管拒爆、导火索不传爆等事故时应做好记录，查明原因，妥善处理。

（5）监理单位应严格审批爆破方案和设计，督促使用单位进行火工器材质量的抽查和管理，加强爆破作业的现场检查与监督。

（6）对于爆破和引爆物品的储存、保管、运输和使用必须健全管理制度，严格按规定执行。

（7）施工用氧气、乙炔等气瓶的运输、存放、使用必须严格按有关规定执行，严防爆炸伤人。

8. 安全用电

（1）施工现场用电，必须整体规划，合理设计。变、配电和线路的布设要符合电气安全技术规程的要求，满足施工用电的需要。

（2）施工作业区和临时性工程的配电线路和设施，必须按规定设置和安装，不能保证安全距离的情况下要采取可靠的防护措施，如增设屏障、遮拦等，并挂警告标志牌。

（3）对变电所、输配电和网络，要严格按电气安全施工与安全运行规章制度进行管理，确保安全可靠的供电，杜绝发生断电、触电事故。

（4）施工现场的各种电气设备、电动机械、金属支架和平台，必须有可靠的接地或接零保护，接地或接零线应采用多股铜线，禁止使用独股铝线。

（5）在阴暗、潮湿或金属容器内工作时必须使用安全电压，非电工禁止从事电气作业。

9. 职业危害管理

（1）施工作业职业危害主要包括有毒有害物品、粉尘、噪声、振动、高低温、辐射、劳动组织不合理和环境不良等因素。

（2）必须对职业危害因素进行检测检验，超标的必须采取控制措施。

（3）难以控制的职业危害因素必须采取个体防护措施。

（4）从事职业危害较重的作业人员应定期进行体检，发现问题及时治疗并调整岗位。

第四节　施工进度管理

施工进度管理是指施工项目经理部根据合同规定的工期要求编制施工进度计划，并以此作为进度管理的目标,对施工的全过程经常进行检查、对照、分析,及时发现实施中的偏差,采取有效措施,调整工程建设施工进度计划,排除干扰,保证工期目标实现的全部活动。

一、施工进度管理的工作内容

施工进度管理是根据施工合同确定的开工日期、总工期和竣工日期确定施工进度目标,在保证施工质量、不增加施工实际成本的条件下,确保实现施工项目既定目标工期和适当缩短施工工期。

施工进度管理的主要内容是:编制施工总进度计划并控制其执行,按期完成整个施工项目的任务;编制单位工程施工进度计划并控制其执行,按期完成单位工程的施工任务;编制分部(项)工程施工进度计划并控制其执行,按期完成分部(项)工程的施工任务;编制季度、月(旬)作业计划并控制其执行,完成规定的目标等。

编制施工进度计划,不仅要明确开工日期、计划总工期和计划竣工日期,而且应确定项目分期分批的开、竣工日期。此外,还要具体安排实现进度目标的工艺关系、组织关系、搭接关系、起止时间、劳动力计划、材料计划、机械计划及其他保证性计划。

施工进度管理的总目标应进行层层分解,形成实施进度控制、相互制约的目标体系。施工进度管理的关键是明确进度计划。对施工进度目标的分解,按单项工程可分解为交工分目标,按承包的专业或按施工阶段可分解为完工分目标,按年、季、月计划期可分解为时间分目标。

在施工进度管理的过程中,首先,应向发包人或监理工程师提交开工申请报告,按监理工程师开工令指定的日期开工;其次,认真实施施工进度计划,在实施中加强协调和检查,如出现偏差(不必要的提前或延误)应及时进行调整,并不断预测未来进度状况;最后,项目竣工验收前抓紧收尾阶段进度控制,全部任务完成后进行进度控制总结,并编写进度控制报告。

二、影响施工进度的因素

施工项目具有规模庞大、工程结构与工艺技术复杂、建设周期长和相关单位多等特点,因此施工进度将受到许多因素的影响。这些影响因素大致可分为如下三类。

(一)相关单位因素

项目经理部的外层关系单位很多,这些单位对项目施工活动密切配合与支持,是保证项目施工按期顺利进行的必要条件。但是,若其中任何一个单位在某一个环节上发生失误或配合不够,都可能影响施工进度,例如:设计单位图纸提供不及时或设计错误;建设单位要求设计变更、增减工程量;等等。对于这类原因,项目经理部应以合同形式明确双方协作配合的要求,在法律的保护和约束下,尽量避免或减少损失。而对于向政府主管部门、职能部门进行申报、审批、签证等工作所需的时间,应在编制进度计划时予以充分考虑,留有余地,以免干扰施工进度。

（二）项目经理部内部因素

项目经理部内部的活动对施工进度起决定性作用,项目经理部的工作失误,如施工组织不合理,人、机械设备调配不当,施工技术措施不当,质量不合格引起返工,与外层单位关系协调不善等,都会影响施工进度。因而,提高项目经理部的管理水平、技术水平,提高施工作业层的素质是非常重要的。

（三）不可预见因素

施工中可能出现许多不可预见的情况,如持续恶劣天气、严重自然灾害等意外情况,又如施工现场的水文地质状况比设计和合同文件中所预计的要复杂得多,这些情况都可能造成临时停工,影响工期。尽管这类因素导致的问题不经常发生,但其一旦发生,影响就很大。

三、施工进度控制的内容

施工进度控制可分为事前进度控制、事中进度控制和事后进度控制。其中,事中进度控制（施工阶段进度控制）的内容最复杂也最关键。

（一）事前进度控制

事前进度控制是指项目正式施工前进行的进度控制。其主要内容如下。

（1）确定施工阶段进度控制工作的细则。确定进度控制的工作内容和特点,确定控制方法及具体措施,分析进度目标实现的风险,提出尚待解决的问题,等等。

（2）编制施工总进度计划。根据合同工期、施工进度目标和工程分期投产要求,对施工准备工作和各项施工任务进行时间安排,确定各工程的施工衔接关系。

（3）编制单位工程施工进度计划。利用流水施工原理,科学组织分段流水施工,实现立体的和平面的流水作业;同时,应用网络计划技术,编制局部的实施性网络计划,以根据关键线路的工作,实现施工的连续性和均衡性。

（4）编制年度、季度、月度工程计划。以施工总进度计划为基础,编制年度工程计划,确定单位工程的进度和所需资源（包括人力、物力、材料、设备及资金）的供应计划,做好综合平衡,保证相互衔接。

（二）事中进度控制

事中进度控制即施工阶段进度控制,是对项目施工过程进行的进度控制。其主要内容如下。

（1）执行施工进度计划。根据施工前编制的施工进度计划,编制月（旬）作业计划和施工任务书。在施工过程中做好各种记录,为计划实施的检查、分析、调整提供原始材料。

（2）跟踪检查施工进度情况。进度控制人员应深入现场,随时了解施工进度情况。

（3）施工进度情况资料的收集、整理。通过现场调查收集反映进度情况的资料,并对其进行分析和处理,为后续的进度控制工作提供确切、全面的信息。

（4）将实际进度与计划进度进行比较分析。经过比较分析,确定实际进度与计划进度相比是超前了还是落后了,并分析进度超前或落后的原因。

（5）确定是否需要进行进度调整。一般情况下,施工进度超前对进度控制是有利的,不需要调整,但是进度的提前如果对质量、安全有影响,对各种资源供应造成压力,则有必要加以调整。施工进度拖后但在允许的机动时间内时,可以不进行调整。但是如果施工进度拖后直接影响工期的关键工作,则必须采取相应的调整措施。

（6）制定进度调整措施。对决定进行调整的后续工作,从技术、组织和经济等方面进行相应调整。

（7）执行调整后的施工进度计划。

（三）事后进度控制

事后进度控制是指完成施工任务后的进度控制工作。其包括:及时组织工程验收,处理工程索赔,进行工程进度资料整理、归类、编目和建档,等等。

四、施工进度管理的原理

施工进度管理始于进度计划的编制,它是一个不断编制、执行、检查、分析和调整计划的动态循环过程。施工进度管理过程中必须遵循以下原理。

（一）动态控制原理

当实际进度与计划进度相比存在偏差时,要分析存在偏差的原因,并采取相应的措施,调整原计划,使两者在新的起点上重合,随后继续按计划进行工程建设活动。如果出现新的干扰因素,需要再次进行控制,如此反复。

（二）系统原理

（1）按施工项目不同的建设阶段分别编制计划,从而形成严密的进度计划系统。

（2）建立由各个不同管理主体及其不同管理层次组成的进度管理组织实施系统。

（3）进度管理自计划编制开始,经过计划实施过程中的跟踪检查、发现进度偏差、分析偏差原因、调整或修正措施等一系列环节,再回到对原进度计划的执行或调整,从而构成一个封闭的循环系统。

（4）采用工程网络计划技术编制进度计划并对其执行情况实施严格的量化管理。

（三）信息反馈原理

信息反馈是施工进度管理的主要环节。工程的实际进度通过信息反馈给进度管理的工作人员,在分工的职责范围内,相关人员对其进行加工,再将信息逐级向上反馈,直至项目经理部。项目经理部整理、统计各方面的信息,经比较分析做出决策,调整进度计划,使其仍符合预定的工期目标。

（四）弹性原理

进度计划编制者应充分掌握影响进度的原因并根据统计经验估计出该原因的影响程度和出现的可能性,并在确定进度目标时,进行实现目标的风险分析,这样编制施工进度计划时就会留有余地,使进度计划具有弹性。在进行施工进度管理时,便可以利用这些弹性,缩短有关工作的时间,或者改变它们之间的搭接关系,这样即便存在已拖延的工期,仍可实现预期的计划目标。

(五)封闭循环原理

施工进度管理的全过程包括计划、实施、检查、比较分析、确定调整措施、再计划。从编制施工进度计划开始,经过实施过程中的跟踪检查,收集有关实际进度的信息,比较和分析实际进度与计划进度之间的偏差,找出偏差产生的原因和解决的办法,确定调整措施,再修改原进度计划,形成一个封闭的循环系统。

(六)网络计划技术原理

在施工进度管理中,利用网络计划技术原理编制进度计划,根据收集的实际进度信息,比较和分析进度计划,再利用网络计划的工期优化、费用优化和资源优化的理论调整计划。网络计划技术原理是施工进度管理完整计划管理和分析计算的理论基础。

五、施工进度计划编制与管理程序

(一)施工进度计划编制

施工进度计划是表示各项工程(单位工程、分部(项)工程)的施工顺序、开始和结束时间以及相互衔接关系的计划。它是承包单位进行现场施工管理的核心指导文件。施工进度计划通常是根据工程对象进行编制的。

1. 施工总进度计划编制

施工总进度计划一般是建设工程项目总的施工进度计划。它是用来确定建设工程项目中所包含的各单位工程的施工顺序、施工时间和相互衔接关系的计划。编制施工总进度计划的依据有施工总方案、资源供应条件、各类定额资料、合同文件、工程项目建设总进度计划、工程动用时间目标、建设地区自然条件和有关技术经济资料等。

施工总进度计划的编制步骤和方法如下。

1)计算工程量

根据批准的工程项目一览表,按单位工程分别计算其主要实物工程量。这不仅是为了编制施工总进度计划,也是为了编制施工方案和选择施工、运输机械,初步规划主要施工过程的流水施工,以及计算人工、施工机械及各种材料、植物的需要量。因此,工程量只需粗略地计算即可。工程量的计算可按初步设计(或扩大初步设计)图纸和有关定额手册或资料进行。

2)确定各单位工程的施工期限

各单位工程的施工期限应根据合同工期确定,同时还要考虑建筑类型、结构特征、施工方法、施工管理水平、施工机械化程度和施工现场条件等因素。如果在编制施工总进度计划时没有合同工期,则应保证计划工期不超过工期定额。

3）确定各单位工程的开、竣工时间和相互搭接关系

确定各单位工程的开、竣工时间和相互搭接关系主要应考虑以下几点。

（1）同一时期施工的项目不宜过多，以避免人力、物力过于分散。

（2）尽量做到均衡施工，以使劳动力、施工机械和主要材料的供应在整个工期范围内达到均衡。

（3）尽量提前建设可供工程施工使用的永久性工程，以节省临时工程费用。

（4）急需和关键的工程先施工，以保证工程项目如期交工。对于某些技术复杂、施工周期较长、施工困难较多的工程，亦应安排提前施工，以保证整个工程项目按期交付使用。

（5）施工顺序必须与主要生产系统投入生产的先后次序相吻合。同时还要安排好配套工程的施工时间，以保证建成的工程能迅速投入生产或交付使用。

（6）应注意季节对施工顺序的影响，不因施工季节拖延工期，不影响工程质量。

（7）安排一部分附属工程或零星项目作为后备项目，用以调整主要项目的施工进度。

（8）注意使主要工种和主要施工机械能连续施工。

4）编制初步施工总进度计划

施工总进度计划应安排全工地性的流水作业。全工地性的流水作业安排应以工程量大、工期长的单位工程为主导工程，组织若干条流水线，并以此带动其他工程。初步施工总进度计划既可以用横道图表示，也可以用网络图表示。

5）编制正式施工总进度计划

初步施工总进度计划编制完成后，要认真对其进行检查。主要检查总工期是否符合要求，资源使用是否均衡且其供应能否得到保证。如果出现问题，则应及时进行调整。调整的主要方法是改变某些工程的起止时间或调整主导工程的工期。

正式施工总进度计划确定后，应据以编制劳动力、材料、大型施工机械等资源的需用量计划，以便组织供应，保证施工总进度计划的实现。

2. 单位工程施工进度计划编制

单位工程施工进度计划是在既定施工方案的基础上，根据规定的工期和各种资源供应条件，对单位工程中的各分部（项）工程的施工顺序、施工起止时间和衔接关系进行合理安排的计划。其编制的主要依据有施工总进度计划、单位工程施工方案、合同工期或定额工期、施工定额、施工图和施工预算、施工现场条件、资源供应条件、气象资料等。

单位工程施工进度计划的编制步骤和方法如下。

1）划分工作项目

工作项目是包括一定工作内容的施工过程，是施工进度计划的基本组成单元。对于大型建设工程，通常需要编制控制性施工进度计划，此时工作项目可以粗略划分，一般只明确到分部工程即可。单位工程施工进度计划中的工作项目应明确到分项工程或更具体，以满足指导施工作业、控制施工进度的要求。

2）确定施工顺序

确定施工顺序是为了按照施工的技术规律和合理的组织关系，解决各工作项目在时间上的先后和搭接问题，以达到保证质量、安全施工、充分利用空间、争取时间、合理安排工期的目的。

一般说来,施工顺序受施工工艺和施工组织两方面因素的制约。当施工方案确定之后,工作项目之间的工艺关系也就随之确定。如果违背这种关系,将不可能施工,或者导致工程质量事故和安全事故的出现,或者造成返工浪费。工作项目之间的组织关系是由于劳动力、施工机械、材料和构配件等资源的组织和安排需要而形成的。它不是由工程本身决定的,而是一种人为的关系。组织方式不同,组织关系也就不同。不同的组织关系会产生不同的经济效果,应通过调整组织关系,并将工艺关系和组织关系有机地结合起来,形成工作项目之间的合理顺序关系。

3)计算工程量

工程量的计算应根据施工图和工程量计算规则,针对所划分的每一个工作项目进行。当编制施工进度计划时已有预算文件,且工作项目的划分与施工进度计划一致时,可以直接套用施工预算的工程量,不必重新计算。若某些项目有出入,但出入不大时,应结合工程的实际情况进行某些必要的调整。计算工程量时应注意以下问题。

(1)工程量的计算单位应与现行定额手册中所规定的计量单位一致,以便计算劳动力、材料和机械数量时直接套用定额,而不必进行换算。

(2)应结合具体的施工方法和安全技术要求计算工程量。

(3)应结合施工组织的要求,按已划分的施工段分层分段进行计算。

4)计算劳动量和机械台班数

当某工作项目是由若干个分项工程合并而成时,应分别根据各分项工程的时间定额(或产量定额)和工程量计算劳动量或机械台班数。

5)确定工作项目的持续时间

根据工作项目所需要的劳动量或机械台班数,以及该工作项目每天安排的工人数或配备的机械台数,按式(3-1)计算出各工作项目的持续时间。

$$D= \frac{P}{RB} \tag{3-1}$$

式中　D——完成工作项目需要的时间,即持续时间;

　　　P——劳动量或机械台班数;

　　　R——每班安排的工人数或施工机械台数;

　　　B——每天工作班数。

6)绘制施工进度计划图

绘制施工进度计划图首先应选择施工进度计划的表达形式。目前,表示施工进度计划的方法主要有横道图和网络图两种形式。横道图比较简单,而且非常直观,是控制工程进度的主要依据。

7)施工进度计划的检查与调整

当施工进度计划初始方案编制好后,需要对其进行检查与调整,以便使进度计划更加合理,进度计划检查的主要内容包括以下四个方面。

(1)各工作项目的施工顺序、平行搭接和技术间歇是否合理。

(2)总工期是否满足合同规定。

(3)主要工种的工人能否满足连续、均衡施工的要求。

（4）主要机具、材料等的利用是否均衡和充分。

在上述四个方面中，首要的是前两个方面的检查，如果不满足要求，必须进行调整。只有在前两个方面均达到要求的前提下，才能进行后两个方面的检查与调整。前者是解决可行与否的问题，而后者则是优化的问题。

（二）施工进度管理程序

一般来说，进度控制随着建设的进程而展开，因此进度控制的总程序与建设程序的阶段划分相一致。在具体操作上，每一建设阶段的进度控制又按计划、实施、监测和反复调整的科学程序进行。

进度控制的重点是建设准备阶段和建设实施阶段的进度控制，因为这两个阶段时间最长，影响因素最多，分工协作关系最复杂，变化也最大。但前期工作阶段所进行的进度决策又是建设实施阶段进度控制的前提和依据，其预见性和科学性对整个进度控制具有决定性的影响。进度控制总程序如下。

1. 项目建议书阶段

在项目建议书阶段，通过机会研究和初步的可行性研究，在项目建议书报批文件中提出项目进度总安排的建议。它体现了建设单位对项目建设时间方面的预期目标。

2. 可行性研究阶段

可行性研究阶段主要对项目的实施进度进行较详细研究。通过分析项目竣工的时间要求和建设条件，比较不同进度安排的经济效果，在可行性研究报告中提出最优的1~3个备选方案。该报告经评估、审批后确定的建设总进度和分期、分阶段控制进度，就成为建设实施阶段进度控制的决策目标。

3. 设计阶段

设计阶段除进行设计进度控制外，还要对施工进度进行进一步预测。设计进度本身也必须与施工进度相协调。

4. 建设准备阶段

建设准备阶段要控制征地、拆迁、场地清障和平整的进度，抓紧施工用水、用电的施工，准备道路等建设条件，组织材料、设备的订货，组织施工招标，签订各种协议，办理有关主管部门的审批手续。这一阶段工作头绪繁多，关系复杂。每一项疏漏或拖延都将留下建设条件的缺口，影响工程顺利开展或打乱正常进度秩序。因此，这一阶段工作及其进度控制极为重要，不能掉以轻心。在这一阶段里还应通过编制与审批施工组织设计，确定施工总进度计划、首期或第一年工程的进度计划。

5. 建设实施阶段

建设实施阶段进度控制的重点是组织综合施工和进行偏差管理。项目管理者要全面做好进度的事前控制、事中控制和事后控制。除对进度的计划审批、施工条件提供等预控环节和进度实施过程进行跟踪管理外，还要着重协调好总包不能解决的内外界关系问题。当没有总包单位，建设安装的各项专业任务直接由建设单位分别发包时，计划的综合平衡和单位间的协调配合就更为重要。对进度的事后控制，就是要及早发现并尽快排除相互脱节问题和外界干扰因素，使进度始终处于受控状态，确保进度目标的逐步实现。与此同时，还要抓好项目动工的准备工作,为按期或提早动工创造必要而充分的条件。

6. 竣工验收阶段

在竣工验收阶段,项目管理者要督促和检查施工单位的自验、试运转和预验收,在具备条件后协助业主组织正式验收。在本阶段中,建设与施工方之间的竣工结算和技术资料核查、归档、移交,施工遗留问题的返修、处理等过程中,会有大量涉及双方利益的问题需要协调解决。此外,各验收过程还有大量准备工作,必须抓全、抓细、抓紧,才能加快验收的进度。

六、施工进度管理的方法和措施

(一)施工进度控制的方法

1. 行政方法

用行政方法控制进度,是指上级单位及其领导人、本单位的领导层和领导人利用其行政地位和权力,通过发布进度指令进行指导、协调、考核,利用激励、监督等方式进行进度控制。使用行政方法进行进度控制,优点是直接、迅速、有效,但应当注意其科学性,防止武断、主观、片面指挥。行政方法应结合政府管理开展工作,指令要少些,指导要多些。行政方法控制进度的重点应是进度控制目标的决策或指导,在实施中应尽量让实施者自己进行控制,少进行行政干预。

国家通过行政手段审批项目建设和可行性研究报告,对重大项目或大中型项目的工期进行决策,批准年度基本建设计划,制定工期定额并督促其贯彻、实施,招投标办公室批准标底文件中的开竣工日期和总工期,这些都是行之有效的控制进度的行政方法。实施单位应执行正确的行政控制措施。

2. 经济方法

用经济方法控制进度,是指用经济手段影响和控制进度。进度控制的经济方法主要有以下几种。

(1)银行通过调整投资的投放速度控制工程项目的实施进度。

(2)承发包合同中规定有关工期和进度的条款。

(3)建设单位通过招标的进度优惠条件鼓励施工单位加快进度。

(4)建设单位通过工期提前奖励和延期罚款进行进度控制。

(5)通过物资的供应数量和进度实施进行控制。

用经济方法控制进度应在合同中明确规定,辅以科学的核算,使进度控制产生的效果大于为此而进行的投入。

3. 管理技术方法

用管理技术方法控制进度,是指通过各种计划的编制、优化、实施、调整而实现进度控制的方法,包括流水作业方法、科学排序方法、网络计划方法、滚动计划方法、电子计算机辅助进度管理等。

(二)施工进度的检查、统计和分析

在施工项目的实施过程中,为了控制进度,进度控制人员应经常、定期地跟踪检查施工

实际进度情况,收集施工项目进度材料,进行统计整理和对比分析,确定实际进度与计划进度之间的关系,其主要工作包括以下几方面。

1. 跟踪检查施工实际进度

为了对施工进度计划的完成情况进行统计,为进行进度分析和调整提供信息,应依据其实施记录对施工进度计划进行跟踪检查。

跟踪检查施工实际进度是项目施工进度控制的关键措施。其目的是收集实际施工进度的有关数据。跟踪检查的时间和收集到的数据的质量直接影响控制工作的质量和效果。

一般检查的时间间隔与施工项目的类型、规模、施工条件和对进度执行的要求程度有关。通常可以每月、每半月、每旬或每周进行一次。若在施工中遇到天气恶劣、资源供应不足等不利因素的严重影响,检查的时间间隔可临时缩短,次数应频繁,甚至可以每日进行检查。

检查和收集资料一般采用进度报表方式或定期召开进度工作汇报会的方式。为了保证汇报资料的准确性,进度控制的工作人员,要经常到现场察看施工项目的实际进度情况,从而保证经常、定期、准确地掌握施工项目的实际进度。

根据不同需要,进行日查或定期检查的内容包括:①检查期内实际完成和累计完成的工程量;②实际参加施工的人力、机械数量和生产效率;③窝工人数、窝工机械台班数及窝工原因分析;④进度偏差情况;⑤进度管理情况;⑥影响进度的特殊原因和分析。

2. 整理统计检查数据

对收集到的施工项目的实际进度数据进行必要的整理,按计划控制的工作项目进行统计,形成与计划进度具有可比性的数据,应具有相同的量纲和形象进度。一般可以按实物工程量、工作量和劳动消耗量以及累计百分比整理和统计检查得到的实际数据,以便与相应的计划完成量进行对比。

3. 比较实际进度与计划进度

将收集到的数据整理和统计成与计划进度具有可比性的数据后,对实际进度与计划进度进行比较。常用的比较方法有横道图比较法、S 形曲线比较法、香蕉形曲线比较法、前锋线比较法和列表比较法等。通过比较可得出实际进度与计划进度一致、超前,还是落后的结论。

4. 处理施工项目进度检查结果

将施工项目进度检查结果,按照检查报告制度的规定,形成进度控制报告向有关主管人员和部门汇报。进度控制报告是把检查比较得到的有关施工进度现状和发展趋势的结果,提供给项目经理和各级业务职能负责人的最简单的书面形式报告。进度控制报告是根据报告对象的不同,确定不同的编制范围和内容而分别编写的。一般分为项目概要级进度控制报告、项目管理级进度控制报告和业务管理级进度控制报告。

①项目概要级进度控制报告是报给项目经理、企业经理或业务部门以及建设单位或业主的报告。它是以整个施工项目为对象说明进度计划执行情况的报告。

②项目管理级进度控制报告是报给项目经理和企业业务部门的报告。它是以单位工程或项目分区为对象说明进度计划执行情况的报告。

③业务管理级进度控制报告是以某个重点部位或重点问题为对象编写的报告,供项目

管理者和各业务部门为其采取应急措施而使用。

　　进度控制报告由计划负责人或进度管理人员与其他项目管理人员协作编写。报告时间一般与进度检查时间相协调,也可按月、旬、周等间隔时间编写上报。

　　向企业提供的月度进度控制报告的内容主要包括:项目实施概况、管理概况、进度概要的总说明;项目施工进度、形象进度和简要说明;施工图纸提供进度;材料、物资、构配件供应进度;劳务记录和预测;日历计划;对建设单位、业主和施工者的工程变更指令、价格调整、索赔和工程款收支情况;进度偏差的状况和导致偏差的原因分析;解决问题的措施;计划调整意见;等等。

(三)施工进度计划的比较与调整

　　施工进度计划的比较与调整是施工进度控制的主要环节。其中施工进度计划比较是调整的基础。这里介绍最常用的横道图比较法。用横道图编制施工进度计划,指导施工的实施,已是人们常用的、熟悉的方法。其形象、简明和直观,编制方法简单,使用方便。

　　横道图比较法是把在项目施工中检查实际进度收集的信息,经整理后直接用横道线并列标于原计划的横道线处,进行直观比较的方法。表 3-1 所示的某混凝土基础工程的施工实际进度与计划进度比较使用的就是横道图比较法,其中粗实线表示计划进度,细实线表示实际进度。

表 3-1　某混凝土基础工程的施工实际进度与计划进度比较

工作编号	工作名称	工作时间/d	施工进度																
			1	2	3	4	5	6	7	8	9	10	11	12	13	14	15	16	17
1	挖土方	6																	
2	支模板	6																	
3	绑扎钢筋	9																	
4	浇混凝土	6																	
5	回填土	5																	

注:施工进度按日计。

　　从表 3-1 中可以看出,在第 8 天末进行施工进度检查时,挖土方工作已经完成;支模板工作按计划进度也应当完成,而实际施工进度只完成了 83% 的任务,已经拖后了 17%;绑扎钢筋工作已完成了 44% 的任务,施工实际进度与计划进度一致。

　　通过上述记录与比较,发现了实际施工进度与计划进度之间的偏差,为采取何种调整措施提供了明确的方向。这是人们施工中进行施工进度控制经常用到的一种最简单、熟悉的方法。但是它仅适用于施工中的各项工作都匀速进行的情况,即每项工作在单位时间内完成的任务量相等的情况。

　　完成任务量可以用实物工程量、劳动消耗量和工作量三种物理量表示。为方便比较,一般用实际完成量的累计百分比与计划完成量的累计百分比进行分析。

　　由于项目施工中各项工作的速度不一定相同,以及进度控制要求和提供的进度信息的不同,还可以采用以下几种方法对施工进度计划进行比较。

1. 匀速施工横道图比较法

匀速施工是指项目施工过程中,每项工作的施工进展速度相同,即在单位时间内完成的任务量相等,累计完成的任务量与时间成正比,如图 3-4 所示。

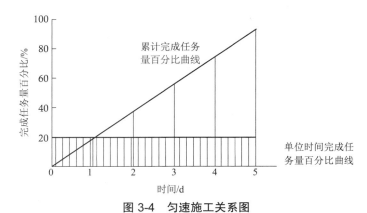

图 3-4　匀速施工关系图

匀速施工横道图比较法的步骤如下。

(1)编制横道图进度计划。

(2)在进度计划上标出检查日期。

(3)将检查收集的实际进度数据,按比例用涂黑的粗线标于计划进度线的下方。

(4)比较分析实际进度与计划进度。

如图 3-5(a)所示,若涂黑的粗线右端与检查日期重合,则表明实际进度与施工计划进度一致;如图 3-5(b)所示,若涂黑的粗线右端在检查日期的左侧,则表明实际进度拖后;如图 3-5(c)所示,若涂黑的粗线右端在检查日期的右侧,则表明实际进度超前。

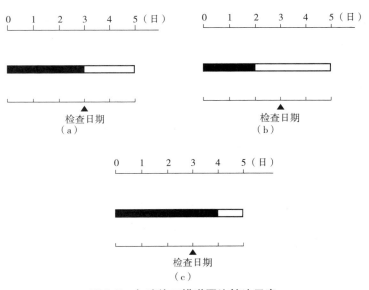

图 3-5　匀速施工横道图比较法示意

(a)实际进度与施工计划进度一致　(b)实际进度拖后　(c)实际进度超前

必须指出,该方法只适用于工作从开始到完成的整个过程中,施工速度不变,累计完成的任务量与时间成正比的情况,如图3-4所示。若施工速度是变化的,则不能使用这种方法比较实际进度与计划进度。

2. 双比例单侧横道图比较法

匀速施工横道图比较法只适用于施工进展速度不变的情况下施工实际进度与计划进度之间的比较。当不同单位时间里的进展速度不同时,累计完成的任务量与时间的关系不是呈直线变化的,如图3-6所示。这时,按匀速施工横道图比较法绘制的实际进度涂黑粗线,不能反映实际进度与计划进度的比较情况。这种情况的进度比较可以采用双比例单侧横道图比较法。

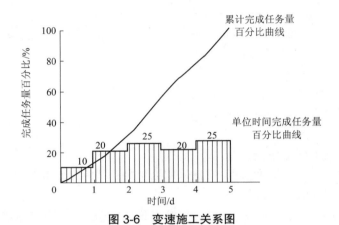

图 3-6　变速施工关系图

双比例单侧横道图比较法是适用于工作进度按变速进展的情况下,比较工作实际进度与计划进度的一种方法。其在表示工作实际进度的涂黑粗线的同时,还标出某对应时刻完成任务的累计百分比,将该百分比与同时刻计划完成任务的累计百分比相比较,以此判断工作的实际进度与计划进度之间的关系。该方法的步骤如下。

(1)编制横道图进度计划。

(2)在横道线上方标出各工作主要时间的计划完成任务累计百分比。

(3)在计划横道线的下方标出相应日期的实际完成任务累计百分比。

(4)用涂黑的粗线标出实际进度线,从开工日标起,同时可反映出施工过程中工作的连续与间断情况。

(5)比较横道线上方的计划完成累计量与同时间下方的实际完成累计量,得出实际进度与计划进度的偏差。

若同一时刻上下两个累计百分比相等,则表明实际进度与计划进度一致;若同一时刻上面的累计百分比大于下面的累计百分比(图3-7所示的情况),则表明该时刻实际施工进度拖后,拖后的量为二者之差;若同一时刻上面的累计百分比小于下面的累计百分比,则表明该时刻实际施工进度超前,超前的量为二者之差。

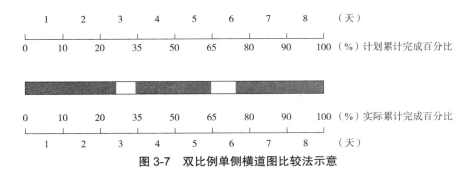

图 3-7　双比例单侧横道图比较法示意

（四）施工进度管理的措施

1. 组织措施

（1）建立包括监理单位、建设单位、设计单位、施工单位、供应单位等在内的进度控制体系，明确各方的人员配备、进度控制任务和相互关系。

（2）建立进度报告制度和进度信息沟通网络。

（3）建立进度协调会议制度。

（4）建立进度计划审核制度。

（5）建立进度控制检查制度和调度制度。

（6）建立进度控制分析制度。

（7）制定图纸审查、及时办理工程变更和设计变更手续的措施。

2. 合同措施

（1）加强合同管理，加强组织、指挥、协调，以保证合同进度目标的实现。

（2）控制合同变更，对于有关工程变更和设计变更，应通过监理工程师严格审查后补进合同文件中。

（3）加强风险管理，在合同中充分考虑风险因素及其对进度的影响和处理办法等。

3. 技术措施

（1）采用多级网络计划技术和其他先进适用的计划技术。

（2）组织流水作业，保证作业连续、均衡、有节奏。

（3）缩短作业时间、减少技术间歇。

（4）采用电子计算机控制进度的措施。

（5）采用先进高效的技术和设备。

4. 经济措施

（1）对工期缩短给予奖励。

（2）对应急赶工给予优厚的赶工费。

（3）对拖延工期给予罚款或收赔偿金。

（4）采取资金、设备、材料、加工订货等供应时间保证措施。

（5）及时办理预付款和工程进度款支付手续。

（6）加强索赔管理。

（五）施工进度控制的总结

施工项目经理部应在施工进度计划完成后,及时进行施工进度控制总结,为进度控制提供反馈信息。

1. 施工进度控制总结的依据资料

（1）施工进度计划。

（2）施工进度计划执行的实际记录。

（3）施工进度计划的检查结果。

（4）施工进度计划的调整资料。

2. 施工进度控制总结的内容

（1）合同工期目标和计划工期目标的完成情况。

（2）施工进度控制的经验。

（3）施工进度控制中存在的问题。

（4）科学的施工进度计划方法的应用情况。

（5）施工进度控制的改进意见。

第五节　施工成本管理

一、施工成本计划

（一）施工成本的概念

施工成本是项目经理部在承建并完成施工项目的过程中所发生的全部生产费用的总和。施工成本是施工企业的主要产品成本,亦称工程成本,一般以项目的单位工程为成本核算对象,各单位工程成本的综合即为施工成本。

（二）施工成本的主要形式

按成本管理的需要,施工成本可以分为预算成本、计划成本和实际成本,详见表3-2。

表 3-2　施工成本的主要形式

比较方面	预算成本	计划成本	实际成本
概念	按项目所在地区平均成本水平编制的成本	项目经理部编制的该项目计划达到的成本水平	项目在施工阶段实际发生的各项生产费用的总和

比较方面	预算成本	计划成本	实际成本
编制依据	施工图纸； 统一的工程量计算规则； 统一的建设工程定额； 项目所在地区的劳务价格、材料价格、机械台班价格、价差系数； 项目所在地区的有关取费费率	公司下达的目标利润和成本降低率； 该项目的预算成本； 项目施工组织设计和成本降低措施； 同行业、同类项目的成本水平等施工定额	成本核算
作用	确定工程造价的基础； 编制计划成本的依据； 评价实际成本的依据	用于建立健全项目经理部的成本控制责任制，控制生产费用，加强经济核算，降低工程成本	反映项目经理部的生产技术、施工条件和经营管理水平

（三）施工成本计划的构成与内容

1. 直接成本

直接成本即施工过程中耗费的构成工程实体或有助于工程形成，且能直接计入成本核算对象的费用，包括人工费、材料费、机械使用费和其他直接费。

（1）人工费：直接从事施工的生产工人开支的各项费用，包括工资、奖金、工资性质的津贴、工资附加费、职工福利费、生产工人劳动保护费等。

（2）材料费：施工过程中耗用的构成工程实体的各种材料费用，包括原材料、辅助材料、构配件、零件、半成品等的费用以及周转材料摊销、租赁费用。

（3）机械使用费：施工过程中使用机械所发生的费用，包括使用自有机械的台班费、外租机械的租赁费、施工机械的安装与拆卸和进出场费等。

（4）其他直接费：除（1）、（2）、（3）以外的直接用于施工过程的费用，包括材料二次搬运费、临时设施摊销费、生产工具用具使用费、检验试验费、工程定位复测费、工程点交费、场地清理费等以及冬雨季施工增加费、夜间施工增加费、仪器仪表使用费等。

2. 间接成本

间接成本即项目经理部为施工准备、组织和管理施工生产而必须支出的各种费用，又称施工间接费。它不直接用于工程项目中，一般按一定的标准计入工程成本，包括如下内容。

（1）现场项目管理人员的工资、工资性津贴、劳动保护费等。

（2）现场管理办公费用，工具用具使用费，车辆大修、维修、租赁等使用费。

（3）职工差旅交通费、职工福利费（按现场管理人员工资总额的14%提取）、工程保修费、工程排污费及其他费用。

（4）用于项目的可控费用，不受层次限制，均应下降到项目计入成本，如工会经费（按现场管理人员工资总额的2%计提）、教育经费（按现场管理人员工资总额的1.5%计提）、业务活动经费、劳保统筹费、税金（项目应负担的房产税、车船使用税、土地使用税、印花税等）、利息支出（项目在银行开户的存贷款利息收支净额）、其他财务费用（汇兑净损失、调剂外汇手续费、银行手续费和保函手续费等）。

二、施工成本控制

（一）施工成本控制的概念

施工成本控制是项目经理部在项目施工的全过程中，为控制人工、机械、材料消耗和费用支出，降低工程成本，达到预期的项目成本目标，所进行的成本预测、计划、实施、检查、核算、分析、考评等一系列活动。

（二）施工成本控制的原则

1. 全面控制运行的原则

1）全员控制运行

（1）建立全员参加的责权利相结合的项目成本控制责任体系。

（2）项目经理、各部门、施工队、班组人员都负有成本控制的责任，在一定的范围内享有成本控制的权利，在成本控制方面的业绩与工资资金挂钩，从而形成一个有效的成本控制责任网络。

2）全过程控制运行

成本控制贯穿项目施工过程的每一个阶段。每一项经济业务都要纳入成本控制的轨道。

2. 动态控制的原则

（1）在施工开始之前进行成本预测，确定目标成本，编制成本计划，制定或修订各种消耗定额和费用开支标准。

（2）施工阶段重在执行成本计划，落实降低成本的措施，实行成本目标管理。

（3）建立灵敏的成本信息反馈系统，使有关人员能及时获得信息，纠正不利的成本偏差。

（4）制止不合理开支。

（5）竣工阶段，成本盈亏已成定局，主要进行整个项目的成本核算、分析和考评。

3. 开源节流的原则

（1）成本控制应坚持增收与节约相结合的原则。

（2）作为合同签约依据，编制工程预算时，应"以支定收"；而在保证预算收入的施工过程中，则要"以收定支"，控制资源消耗和费用支出。

（3）核查成本费用是否符合预算收入，收支是否平衡。

（4）应经常进行成本核算并进行实际成本与预算收入的对比分析。

（5）严格财务制度，对各项成本费用的支出进行限制和监督。

（6）提高施工项目的科学管理水平，优化施工方案，提高生产效率，节约人、财、物的消耗。

（三）施工成本控制的内容

1. 投标承包阶段

投标承包阶段对施工成本的控制包括：①对项目工程成本进行预测、决策；②中标后组建与项目规模相适应的项目经理部；③施工企业以承包合同价格为依据，向项目经理部下达成本目标。

2. 施工准备阶段

施工准备阶段对施工成本的控制包括：①审核图纸，选择经济合理、切实可行的施工方案，制定降低成本的技术组织措施；②项目经理部确定自己的项目成本目标并进行目标分解，反复测算平衡后，编制正式施工项目成本计划。

3. 施工阶段

施工阶段对施工成本的控制包括：①落实各部门、各级成本责任制，执行检查成本计划，控制成本费用；②加强材料、机械管理，保证质量，杜绝浪费；③搞好合同索赔工作，避免经济损失；④加强经常性的分部（项）工程成本核算分析以及月度（季度、年度）成本核算分析，及时反馈，以纠正成本的不利偏差。

4. 竣工阶段和保修、养护阶段

竣工阶段和保修、养护阶段对施工成本的控制包括：①尽量缩短收尾工作时间，合理精简人员；②及时办理工程结算，不得遗漏；③控制竣工验收费用；④控制保修期费用；⑤总结成本控制经验。

三、施工成本核算

施工成本核算要对施工项目各个阶段所发生的成本费用进行全面核算。

（一）投标承包阶段的成本核算

投标承包阶段的成本费用主要包括投标过程所发生的各种直接费（如购买招标文件费、做标书的成本费、管理费等）和间接费（如参与人员工资、车费、生活费等）。

（二）施工准备阶段的成本核算

施工准备阶段的主要工作包括平整场地、外弃建筑垃圾、外购种植土、土壤处理、搭建工棚、预埋管道等。这一阶段的成本费用包括完成这些施工准备工作所发生的各种直接成本和间接成本。

1. 直接成本

直接成本包括人工费、材料费、机械使用费和其他直接费。

2. 间接成本

间接成本包括：①现场项目管理人员的工资、津贴等；②劳动保护费；③现场管理办公费用；④工具用具使用费；⑤车辆大修、维修、租赁等费用；⑥职工差旅交通费；⑦职工福利费（按现场管理人员工资总额的 14% 提取）；⑧工程排污费；⑨其他费用，包括工会经费、教育

经费等。

把这一阶段的实际成本核算出来,与预算成本、计划成本进行比较分析,核算出施工准备阶段的盈亏。

(三)施工阶段的成本核算

施工阶段的主要工作包括购置材料、单项工程(如园路与广场工程、水景工程、假山工程、给排水工程、植物种植工程等)施工。这一阶段的成本费用包括完成这些工作所发生的各种直接成本和间接成本。

1. 直接成本

直接成本包括人工费、材料费、机械使用费和其他直接费。

2. 间接成本

间接成本包括:①现场项目管理人员的工资、津贴等;②劳动保护费;③现场管理办公费用;④工具用具使用费;⑤车辆大修、维修、租赁等费用;⑥职工差旅交通费;⑦职工福利费(按现场管理人员工资总额的 14%提取);⑧工程排污费;⑨其他费用,包括工会经费、教育经费、业务活动经费、劳保统筹费、税金(项目应负担的房产税、车船使用税、土地使用税、印花税等)、利息支出(项目在银行开户的存贷款利息收支净额)、其他财务费用(汇兑净损失、调剂外汇手续费、银行手续费和保函手续费)等。

把这一阶段的实际成本核算出来,与预算成本、计划成本进行比较分析,核算出施工准备阶段的盈亏。

(四)竣工验收和保修、养护阶段的成本核算

竣工验收和保修、养护阶段的成本主要有竣工验收费用、保修费用(人工费、材料费和机械使用费)、养护费(人工费、材料费和机械使用费)等。要把这一阶段的实际成本核算出来,不要漏算工程项目,与预算成本、计划成本进行比较分析,核算出竣工验收和保修、养护阶段的盈亏。

四、施工成本分析与考核

得出施工成本核算结果后,要对不同施工阶段的盈亏原因进行全面系统的分析与考核:哪些地方亏了,哪些地方有盈余,是由什么原因引起的(如材料差价,人工费上涨、下调,机械费用上涨、下调;或者是预算方面存在问题,如材料报价太低,预算取费不合适,预算定额套用不合适;或者是由于管理不善造成窝工、材料浪费、返工等;或者是受到天灾人祸等不可抗拒因素的影响)。总之,要仔细分析得出工程施工成本亏损的具体原因,以及这些原因中哪些是可以通过改善管理方法与手段进行克服的,哪些是可以通过技术革新克服的,哪些是不能克服但能通过别的方法避免的。对工程施工成本盈亏的具体原因进行分析与考核,是建设企业总结工作经验和谋求发展的需要,有利于建设企业增加竞争力和树立良好的企业信誉。

第六节　施工材料管理

一、施工材料管理的任务

施工材料管理的基本任务是:本着施工材料必须全面管供、管用、管节约和管回收的原则,把好供应、管理、使用三个主要环节,以最低的材料成本,按质、按量、及时、配套供应施工生产所需的材料,并监督和促进材料的合理使用。

(一)提高计划管理质量,保证材料及时供应

提高计划管理质量,首先要提高核算工程用料的正确性。计划是组织指导材料业务活动的重要环节,是组织货源和供应工程用料的依据。在实际操作过程中常常因为设计变更和施工条件的变化,改变原定的材料供应计划,因此,施工材料计划工作中必须与设计单位、建设单位和施工单位保持密切联系。对于重大设计变更、大量材料代用、材料的价差和量差等重要问题,应与有关单位协商解决好。同时,材料管理与供应人员要有较好的应变能力,这样才能满足工程需要。

(二)提高材料供应管理水平,保证工程进度

施工材料供应管理包括采购、运输和仓库管理业务,它是工程顺利进行的先决条件。由于景观工程产品的规格、样式多,每项工程都是按照景观工程项目的特定要求设计和施工的,对材料的需求各不相同,材料数量和质量受设计的制约,而材料流通过程中受生产和运输条件的制约,价格上受到的制约因素很多,同时还受景观效果的制约,因此材料部门要主动与施工部门保持密切联系,随时交流情况,互相配合,这样才能提高供应管理水平,适应施工要求。对特殊材料要采取专料专用控制,以确保工程进度。

(三)加强施工现场材料管理,坚持定额用料

景观工程产品体积庞大,生产周期长,用料数量多,运量大,而且施工现场一般比较狭小,储存材料困难,在施工高峰期间园林、市政、土建、安装交叉作业,材料储存地点与供、需、运、管之间矛盾突出,容易造成材料浪费,甚至产生大面积破坏。因此,施工现场材料管理,首先要建立健全材料管理责任制度,材料员要参加现场施工平面总图关于材料布置的规划工作。在组织管理方面要认真发动群众,坚持专业管理与群众管理相结合的原则,建立健全施工队(组)的管理网,这是材料使用管理的基础。在施工过程中要坚持定额供料,严格领退料手续,达到"工完、料尽、场地清",同时做好各施工工种间的相互衔接工作,尽量避免相互破坏,也要节约用料。

(四)严格经济核算,降低成本,提高效益

企业要提高经济效益,必须全面提高经营管理水平。根据大量景观工程项目造价分析,一般情况下,工程直接费占总造价的四分之三左右,其中材料费占直接费的三分之二,这说

明材料费占主要地位。材料供应管理是各项工作的重中之重,因此要全面实行经济核算责任制度。由于材料供应方面的经济效果具有较好的可比性,目前在不同程度上材料价格差异的经济效益已受到重视,但材料的使用管理仍被忽视,甚至以材料价差盈余掩盖企业管理的不足,这不利于企业提高管理水平,应当引起重视。

二、施工材料供应管理

施工材料供应管理的主要内容可概括为两个领域、三个方面和八项业务。

(一)两个领域

两个领域指物资流通领域和生产领域。

(1)物资流通领域的材料管理是在企业材料计划的指导下组织货源,进行订货、采购、运输和技术保管,以及将企业多余材料作为资源向社会提供等活动的管理。

(2)生产领域的材料管理指在生产消费领域中,实行定额供料,采取节约措施和奖励办法,鼓励降低材料单耗,实行退料回收和修旧利废活动的管理。施工企业的施工队是施工材料供应、管理、使用的基层单位,其材料工作的重点是管用,其工作效果对管理有明显作用。

(二)三个方面

三个方面是指施工材料的供应、管理、使用,这三个方面是紧密结合的。

(三)八项业务

八项业务是指材料计划、组织货源、运输供应、验收保管、现场材料管理、工程耗料核销、材料核算和统计分析。

三、施工现场材料管理

对于项目所需的各类材料,自其进入施工现场至施工结束清理现场为止的全过程所经历的材料管理,均属施工现场材料管理的范围。

施工现场是施工企业从事施工生产活动并最终形成景观工程产品的场所。在建设中,造价70%左右的材料费,都是通过施工现场投入消费的。施工现场的材料管理属于生产领域里材料耗用过程的管理,与企业其他技术经济管理有密切的关系,是施工企业材料管理的出发点和落脚点。

现场材料管理是在现场施工过程中,根据工程类型、场地环境、材料保管和消耗特点,采取科学的管理办法,对从材料投入到成品产出的全过程进行计划、组织、协调和控制,力求保证生产需要和材料的合理使用,最大限度地降低材料消耗。

现场材料管理效果是衡量景观工程施工企业经营管理水平和文明施工实现与否的重要标志,现场材料管理是影响工程进度、工程质量、劳动效率、工程成本的重要环节。加强现场材料管理是提高材料管理水平,消除或减少施工现场混乱和浪费现象,提高经济效益的重要途径之一。

施工项目经理是现场材料管理的全面领导责任者;施工项目经理部主管材料的人员是施工现场材料管理的直接责任人;班组料具员在主管材料员的指导下,协助班组长组织和监督本班组合理领、用、退料。现场材料人员应建立材料管理岗位责任制。

(一)施工现场材料管理的原则和任务

(1)全面规划,保障施工现场材料管理有序进行。在开工前制定施工现场材料管理规划,参与施工组织设计的编制,规划材料存放场地、运输道路,做好材料预算,制定施工现场材料管理目标。全面规划是使现场材料管理全过程有序进行的前提和保证。

(2)合理计划,掌握进度,正确组织材料进场。按工程施工进度计划,组织材料分期分批有秩序地进场。一方面保证施工生产需要,另一方面可以防止剩余大批材料。合理计划是现场材料管理的重要环节和基础。

(3)严格验收,严格把好工程质量第一关。按照材料的品种、规格、质量、数量要求,严格对进场材料进行检查,办理收料。验收是保证进场材料品种、规格符合设计要求,质量完好、数量准确的第一道关口,是保证工程质量、实现成本降低的重要保证条件。

(4)合理存放,促进施工的顺利进行。按照现场平面布置要求,做到适当存放,在方便施工、保证道路畅通、安全可靠的原则下,尽量减少二次搬运。合理存放是妥善保管的前提,是生产顺利进行的保证,是降低成本的重要方面。

(5)妥善保管,进入现场的材料应根据材料的属性进行保管。景观工程所用的材料各具特性,尤其是植物材料,其生理生态习性各不相同,因此必须按照各项材料的自然属性,依据物资保管技术要求和现场客观条件,采取各种有效措施进行维护、保养,保证各项材料不降低使用价值,植物材料成活率高。妥善保管是物尽其用、实现成本降低的又一保证条件。

(6)控制领发,加强监督,最大限度地降低工程施工消耗。施工过程中,按照施工操作者所承担的任务,依据定额及有关资料进行严格的数量控制,践行工程施工组织与技术规范。

(7)准确核算,加强材料使用记录与核算,改进现场材料管理措施。用实物量形式,通过对消耗活动进行记录、计算、控制、分析、考核和比较,反映消耗水平。准确核算既是对本期管理结果的反映,又为下期工程提供改进的依据。

(二)施工现场材料管理的内容

1.材料计划管理

项目开工前,向企业材料部门提出一次性计划,作为供应备料依据;在施工中,根据工程变更和调整的施工预算,及时向企业材料部门提出调整供料月计划,作为动态供料的依据;根据施工平面图对现场设施的设计,按使用期提出施工设施用料计划,报供应部门作为送料的依据;按月对材料计划的执行情况进行检查,不断改进材料供应。

2.材料进场验收

为了把住质量关和数量关,在材料进场时必须根据进料计划、送料凭证、质量保证书或产品合格证,进行材料数量和质量验收;验收工作按质量验收规范和计量检测规定进行;验收内容包括品种、规格、型号、质量、数量等；验收要做好记录、办理验收手续；对不符合计划要求或质量不合格的材料应拒绝验收。

现场材料人员接到材料进场的预报后，要做好以下五项准备工作：①检查现场施工便道有无障碍以及是否平整通畅，车辆进出、转弯、调头是否方便，还应适当考虑回车道，以保证材料能顺利进场；②按照施工组织设计的场地平面布置图的要求，选择适当的堆料场地，要求平整、没有积水；③必须进现场临时仓库的材料，按照"轻物上架、重物近门、取用方便"的原则，准备好库位，易潮、易霉材料要事先铺好垫板，易燃、易爆材料一定要准备好危险品仓库；④夜间进料要准备好照明设备，道路两侧和堆料场地都应有足够的亮度，以保证安全生产；⑤准备好起卸设备、计量设备、遮盖设备等。

现场材料的验收主要是检验材料品种、规格、数量和质量。验收步骤如下：①查看送料单，核查是否有误送；②核对实物的品种、规格、数量和质量是否和凭证一致；③检查原始凭证是否齐全正确；④做好原始记录，填写收料日记，逐项详细填写，其中验收情况登记栏必须将验收过程中发生的问题填写清楚。

不同材料有不同的验收方法：①水泥需要按规定取样送检，经检验合格后方可使用；②木材质量验收包括材种验收和等级验收，数量以材积表示；③钢材质量验收分为外观质量验收和内在化学成分、力学性能验收；④建筑小品材料验收要详细核对加工计划，认真检查规格、型号和数量；⑤植物材料验收时应确认植物材料的形状尺寸（树高、胸径、冠幅等）、树型、树势、根的状态和有无病虫害等，搬入现场时还要再次确认树木根系与土球状况、运输时有无损伤等，同时还应该做好数量的统计与确认工作。

3. 材料储存与保管

进库的材料应验收入库，建立台账；现场的材料必须防火、防爆、防雨、防变质、防损坏；施工现场材料的放置要按平面布置图实施，做到位置正确、保管处置得当、合乎堆放保管制度；要日清、月结、定期盘点、账实相符。

植物材料坚持随挖、随运、随种的原则，尽量减少存放时间，如需假植，应及时进行。

关于材料领发，凡有定额的工程用料，凭限额领料单领发材料；施工设施用料也实行定额发料制度，以设施用料计划进行总控制；超限额的用料，用料前应办理手续，填制限额领料单，注明超耗原因，经签发批准后实施；建立领发料台账，记录领发状况和节超状况。

因设计变更、施工不当等造成的工程量增加或减少，由工长填制、项目经理审批的工程暂借单见表3-3；施工组织设计以外的临时零星用料，由工长填制、项目经理审批的工程暂设用料申请单见表3-4；调至项目以外的其他部门或施工项目，施工项目材料主管人签发或上级主管部门签发、项目材料主管人员批准的材料调拨单见表3-5。发料时应以限额领料单为依据，限量发放，可直接记载在限额领料单上，也可开领料小票，双方签字认证，见表3-6。若一次开出的领料量较大需多次发放时，应在发放记录上逐日记录实领数量，由领料人签认，见表3-7。

针对现场材料管理的薄弱环节，材料发放中应做好以下五个方面的工作。

（1）必须提高材料人员的业务素质和管理水平，要求其对在建的工程概况、施工进度计划、材料性能和工艺要求有进一步了解，便于配合施工生产。

（2）根据施工生产需要，按照《中华人民共和国计量法》的规定，配备足够的计量器具，严格执行材料进场和发放的计量检测制度。

（3）在材料发放过程中，认真执行定额用料制度，核实工程量和材料的品种、规格、定额用量，以免影响施工生产。

（4）严格执行材料管理制度，大堆材料清底使用，水泥先进先出，装修材料按计划配套发放，以免造成浪费。

（5）对价值较高和易损、易坏、易丢的材料，发放时领发双方须当面点清，签字确认，并做好发放记录。实行承包责任制，防止丢失损坏，以免重复领发料的现象发生。

表 3-3 工程暂借单

班组　　　　　　　　　　工程名称　　　　　　　　　　工程量

施工项目　　　　　　　　　　　　　　　　　　　年　　月　　日

材料名称	规格	计量单位	应发数量	实发数量	原因	领料人

项目经理（主管工长）　　　　　　　　　　　　发料定额员

表 3-4 工程暂设用料申请单

单位

班组　　　　　　　　年　　月　　日　　　　　编号

材料名称	规格	计量单位	应发数量	实发数量	用途

项目经理（主管工长）　　　　　　　发料　　　　　领料

表 3-5 材料调拨单

编号　　　　　　　　　　　　　　　　　收料单位

　　年　　月　　日　　　　　　　　　发料单位

材料名称	规格	单位	应发数量	实发数量	实际价格		计划价格		备注
					单价	金额	单价	金额	
合计									

主管　　　　　　收料　　　　　　　发料　　　　　　　制表

表 3-6　限额领料单

工程名称　　　　　　　　　　　　　　　　　　　　　　组　队
工程项目　　　　　　　　　　　　　　　　　　　　年　　月　　日

材料编号	材料名称	规格	计量单位	实发数量	单价	金额

材料保管员　　　　　　　　　　　　领料　　　　　　　　　　　　材料核算员

表 3-7　发放记录

编号　　　　　　　　　　　　　　　　班组
　　年　　月　　日　　　　　　　　　计量单位

任务书编号	日期	工程项目	发放人	领料人	任务书编号	日期	工程项目	发放人	领料人

主管　　　　　　　　　　　　　　　　　　　　　　　保管员

（三）施工现场材料管理的要求

施工现场材料管理的要求是加强材料消耗管理,降低材料消耗。

材料消耗管理,就是对材料在施工生产中的消耗进行组织、指挥、监督、调节和核算,借以消除不合理的消耗,达到物尽其用、降低材料成本、增加企业经济效益的目的。在景观工程中,材料费用占工程造价的比重很大,施工企业的利润大部分来自材料采购成本的节约和降低材料消耗,所以特别应注重降低现场材料消耗。

为改善现场材料管理水平,强化现场材料管理的科学性,达到节约材料的目的,施工企业不但要研究材料节约的技术措施,更重要的是要研究材料节约的组织措施。组织措施比技术措施见效快、效果好,因此要特别重视施工规划(施工组织设计)对材料节约组织措施的设计,特别是重视月度技术组织措施计划的编制和贯彻。

模块二
景观工程施工技术

第四章 土方工程

第一节 土方施工准备工作

土方工程是景观工程施工的主要组成部分,主要依据竖向设计进行土方工程计算和土方施工、塑造、整理园林建设场地。土方工程按照施工方法又可分为人工土方工程施工和机械土方工程施工两大类。土方施工按挖、运、填、夯等施工组织设计安排来进行,以达到建设场地的要求。

一、图纸与现场核对

研究和审查图纸:检查图纸和资料是否齐全,图纸是否有错误和矛盾;掌握设计内容及各项技术要求,熟悉土层地质、水文勘察资料,进行图纸会审,弄清建设场地范围与周围地下设施管线的关系。

二、勘查施工现场

摸清工程现场情况,收集施工相关资料,如施工现场的地形、地貌、地质、水文、气象、运输道路、植被、邻近建筑物、地下设施、管线、障碍物、防空洞、防洪排水系统以及供水、供电、通信情况等。

三、编制施工方案

在掌握了工程内容与现场情况之后,根据甲方要求的施工进度和施工质量进行可行性分析的研究,制定出符合本工程要求和特点的施工方案与措施。绘制施工总平面布置图和土方开挖图,对土方施工的人员、施工机具、施工进度和流程进行周全、细致的安排。

四、场地平整

场地平整是将施工范围内的自然地面,通过人工或机械挖填平整,改造为设计需要的平面以利于现场平面布置和文明施工。在工程总承包施工中,"三通一平"工作常常由施工单位来实施,因此场地平整也成为工程开工前的一项重要内容。

1. 施工要点

(1)伐除树木。凡土方开挖深度不大于 50 cm,或填方高度较小的土方施工,现场和排水沟中的树木必须连根拔除,清理树墩除人工挖掘外,直径在 50 cm 以上的大树墩可用推土机铲除或用爆破法清除。关于树木的伐除,特别是大树应慎之又慎,凡能保留者应尽量设法保留。

(2)建筑物和地下构筑物的拆除,应根据其结构特点进行工作,并遵照《建筑施工安全技术统一规范》(GB 50870—2013)的规定进行操作。

(3)如果施工场地内地下或水下发现有管线通过或其他异常物体,应事先请有关部门协同查清,未查清前,不可动工,以免发生危险或造成其他损失。

(4)大面积平整土方宜采用机械进行,如用推土机、铲运机推运平整土方,有大量挖方应使用挖土机等进行,在平整过程中要交错用压路机压实。

(5)按设计或施工要求范围和标高平整场地,将土方弃到规定弃土区;在施工区域内,凡影响工程质量的软弱土层、淤泥、腐殖质、大卵石、孤石、垃圾、树根、草皮以及不宜用作回填土料的稻田湿土,应分情况采取全部挖除、设排水沟疏干和抛填块石、砂砾等方法进行妥善处理。

2. 工作流程

场地平整要考虑满足总体规划、生产施工工艺、交通运输和场地排水等要求,并尽量使土方的挖填平衡,减少运土量和重复挖运。具体工作流程见表4-1。

表 4-1　场地平整工作流程

施工流程	管理项目	施工管理方法		管理要点	准备文件
		监督员	工长		
准备	确认施工现场	确认	确认	①根据设计图纸,熟悉现场状况,确认水准点、界线标志及其与邻接地的配合关系; ②确认文物、上下水道、煤气管等各种埋设物和供电设施等的位置和处置方法; ③确认原有树木等的位置和处置方法	工程记录
	表土的处置	指示	确认	协商确定采取、保存、复原表土的方法等	工程记录
	杂土的搬出、搬入场所和搬运道路	承诺	确认	在搬出、搬入杂土时,应指定场所,在对道路宽度、交通量、交通规则等加以研究后,确定搬运道路	
	土量分配计划	承诺	确认	根据设计图纸,估计土量变化率和下沉量,算出挖方量、填方量和搬出与搬入土方量,编制并确认土量分配计划	施工批准申请
	施工机种的选定	承诺	确认	对土量分配规划、地形、土质和可通行性等加以研究,确定施工机种和投入台数	
	细节工程	承诺	确认	确认细节工程和整体工作协调	实施工程表

施工流程	管理项目	施工管理方法		管理要点	准备文件
		监督员	工长		
准备	填方土	确认	确认	①填方土是各类公园的基础,应确认有无妨碍填方作业的问题; ②确认土质适合植物生长,能作为植物材料生长的基础	购买土方申请、土质实验结果表
施工	保护保存树木等	确认	确认	确认保护原有树木等的措施,例如,用土把树木暂时围起来保护等	施工承诺申请
	砍伐、除根、除草	确认	确认	确认有无残存的草茎和杂草	
	设置龙门桩	确认	确认	确认龙门桩、挖方和填方的控制桩等设置状况	
	湿地和地下水的处置措施	协议	确认	确认排水口的设置状况,与甲方协商适当的排水方法	施工承诺申请
	普通地段的填方作业	确认	确认	确认土层的摊铺厚度在30 cm以内,最大干燥密度为85%以上,确认填方状况均匀紧密	
	整理栽植地面	确认	确认	①确认防止重型机械压损地面的措施; ②确认地面没有妨碍植物生长的杂物; ③确认地面无透水性不良	
	平坦地段的表面施工	确认	确认	确认地面高差小于6 cm,排水坡度为0.5%以上	完工形状管理图
	坡面、丘陵地段的治理	确认	确认	①确认坡度、线位、高程适当,没有滑坡,以及剥落现状; ②确认坡顶、坡脚、丘陵地段整齐美观; ③确认坡面处理不妨碍植物栽植	完工形状管理图
	降雨对策	确认	确认	确认临时排水措施和沉砂池状况,防止土砂流失和土砂崩塌	施工承诺申请
完成	完工形状	确认	确认	与设计图纸相对照,确认现场完工形状	竣工测量报告、完工形状管理图

五、排水

施工前应先排除场地积水,特别是在雨季,应在所有可能流来地表水的方向上设堤或截水沟、排洪沟。施工期间必须及时抽水。排水的施工要点如下。

(1)排除地面积水。在施工之前,根据施工区的地形特点在场地周围挖好排水沟(在山地施工为防山洪,应在山坡上方设置截洪沟),使场地内排水通畅,而且场外的水也不致流入。在低洼处或挖湖施工时,除挖好排水沟外,必要时还应加筑围堰或设置水堤。为了保证排水通畅,排水沟的纵坡坡度不应小于2%,边坡比为1:1.5,沟底宽和沟深不小于50 cm。挖湖施工中的排水沟深度应深于水体挖深,沟可一次挖掘到底,也可以依施工情况分层下挖。

(2)排除地下水。多采用明沟将地下水引至集水井,并用水泵排除(明沟较简单经济)。井点排水法常用于特殊场地,投资较大。排水时,在挖土区中每向下挖一层土,都要先挖一个排水沟收集地下水,并通过这条沟将地下水排除,见图4-1(a)。有时,还可在沟的最低点处设置一个抽水泵,定时抽水出坑,加快排水,见图4-1(b)。这样,就可一边抽水,一边进行挖方施工,保证施工正常进行。或者,在开始挖方时,先在挖方区中线处挖一条深沟,沟深达到设计地面以下。这种一次挖到底的深沟,可以保证在整个挖方工程中顺利排水,见图4-1(c)。

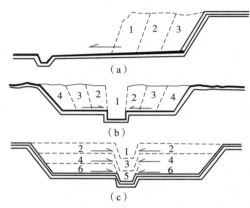

图 4-1　施工现场排水方法

(注:图中数字表示挖掘顺序)

(a)排水沟排水　(b)底坑排水　(c)深沟排水

(3)在地下水位高的地段和河底湖底挖方时,必须先开挖先锋沟,设置抽水井,选择排水方向,并在施工前几天将地下水抽干,或保证水位在施工面1.5 m以下。

六、土方测量与放样(定点放线)

(一)一般规定

(1)根据给定的国家永久性控制坐标和水准点,按施工总平面要求,引测到现场。

(2)在工程施工区域设置测量控制网,包括控制基线、轴线和水平基准点,并做好轴线控制的测量和校核。

(3)控制网要避开建筑物、构筑物、土方机械操作和运输线路,并有保护标志;场地平整应设10 m×10 m或20 m×20 m方格网,在各方格点上设控制桩,并测出各控制桩的自然地形标高,作为计算挖、填土方量和施工控制的依据。

(4)灰线、标高、轴线应进行复核,复核无误后,方可进行场地平整和开挖。

(二)施工要点

在清场之后,为了确定施工范围和挖土或填土的标高,应按设计图样的要求,用测量仪器在施工现场进行定点放线工作,这一步工作很重要。为使施工充分表达设计意图,测设时应尽量精确。

1. 平整场地的放线

用经纬仪将图样上的方格测设到地面上,并在每个交点处立桩木,边界上的桩木依图样要求设置。

2. 自然地形的放线

自然地形的放线通过方格网进行控制,先在施工图上画方格网,再把方格网放大到地面上,然后把设计地形等高线和方格网的交点一一标到地面上并打桩,桩木上标明桩号和施工标高。具体步骤如下。

(1)在平面图上绘制方格网。

(2)将方格网测设到施工现场,对应确定的各交点,打桩编号。首点确定后,用经纬仪(罗盘仪)定出两条边,再以起点为始点,用皮尺或钢尺按施工图上方格网的大小将其落实在地面上,每个点先用白灰标记,再进行打桩。

(3)确定等高线与方格网的交点,用比例尺换算后(量出)在现场找到位置并撒灰标记,钉出轮廓线。

(4)打桩。施工标高有"+""−"之分;"+"为挖方,"−"为填方。施工标高=原有标高−设计标高(保留小数点后两位)。

(5)护桩。为了防止桩木被破坏或被土淹没、被人拿走,可设明显标记(挂旗、涂色)。

堆山时由于土层不断升高,桩木可能被土埋没,所以桩的长度应大于每层填土的高度,土山不高于5 m的,可用长竹竿作为标高桩,在桩上把每层的标高定好,不同层可用不同颜色标记,以便识别。另一种方法是分层放线、分层设置标高桩。这种方法适用于较高的山体。

挖湖工程的放线工作和山体的放线工作基本相同,但由于水体挖深一般较一致,而且池底常年隐没在水下,放线可以粗放些,但水体底部应尽可能平整,不留土墩,这对养鱼捕鱼有利。岸线和岸坡的定点放线应该准确,不仅因为它是水上部分,有关造景,而且它和水体岸坡的稳定有很大关系。为了精确施工,可以用边坡样板来控制边坡坡度。开挖沟槽时,若用打桩放线的方法,在施工中桩木容易被移动甚至被破坏,从而影响校核工作。所以,应使用龙门板。龙门板的构造简单,使用也很方便。每隔30~50 m设龙门板一块,其间距视沟渠纵坡的变化情况而定。板上应标明沟渠中心线位置,沟上口、沟底的宽度等。板上还要设坡度板,用坡度板来控制沟渠纵坡。

第二节　挖方和土方转运

一、挖方

(一)一般规定

(1)挖方边坡坡度应根据使用时间(临时或永久性)、土的种类、物理性质(摩擦角、黏聚力、密度、湿度)、水文情况等确定。对于永久性场地,挖方边坡坡度应按设计要求放坡,如设计无规定,应根据工程地质和边坡高度,结合当地实践经验确定。

（2）对软土土坡或极易风化的软质岩石边坡，应对坡脚、坡面采取喷浆、抹面、嵌补、砌石等保护措施，并做好坡顶、坡脚排水，避免积水影响边坡稳定。

（3）挖方上边缘至土堆坡脚的距离，应根据挖方深度、边坡高度和土的类别确定。当土质干燥密实时，不得小于 3 m；当土质松软时，不得小于 5 m。在挖方下侧弃土时，应将弃土堆表面整平至低于挖方场地标高并向外倾斜，或在弃土堆与挖方场地之间设置排水沟，防止雨水排入挖方场地。

（4）在挖土过程中，应随时注意观察土质情况，注意留出合理的坡度。若须垂直下挖，松散土挖方深度不得超过 0.7 m，中等密度土不超过 1.25 m，坚硬土不超过 2 m。超过以上数值的须加支撑板，或保留符合规定的边坡。

（5）施工过程中必须注意保护基桩、龙门板和标高桩。

（6）开挖前应先进行测量定位，抄平放线，定出开挖宽度，按放线分块（段）分层挖土，根据土质和水文情况，在四侧或两侧直立开挖或放坡，以保证施工操作安全。当土质为天然湿度、构造均匀、水文地质条件良好（即不会发生坍滑、移动、松散或不均匀下沉）、无地下水、挖方深度不大时，开挖亦可不必放坡，直立开挖可不加支护，基坑宽应稍大于基础宽。如超过一定的深度，但不大于 5 m 时，应根据土质和施工具体情况进行放坡，以保证不塌方。放坡后坑槽上口宽度由基础底面宽度和边坡坡度来决定，坑底宽度每边应比基础宽度宽出15~30 cm，以便于施工操作。

（二）机械挖方

机械挖方适于较大面积和工作量的工程。主要施工机械有推土机、挖掘机等。在景观施工中，推土机应用较广泛。例如，在挖掘水体时，以推土机推挖，先将土推至水体四周，再运走或堆置地形，最后人工修整岸坡。用推土机挖湖堆山，效率较高。

机械挖方施工要点如下。

（1）推土机驾驶员应会识图或了解施工对象的情况。在动工之前施工员应向推土机驾驶员介绍拟施工地段的地形情况和设计地形的特点，最好结合模型讲解，使之一目了然。另外，施工前推土机驾驶员还要了解实地定点放线情况，如桩位、施工标高等。这样施工实施时驾驶员心中有数，能得心应手地按照设计意图去塑造地形。这一步工作做好，在修饰山体或水体时便可以省去许多人力物力，可以提高施工效率。

（2）注意保护表土。因为地面表土土质疏松肥沃，适于种植园林植物。所以对地面50 cm 厚的表土层（耕作层）挖方时，要先用推土机将施工地段的这一层表面熟土推到施工场地外围，待地形整理停当，再把表土推回铺好。

（3）桩点和施工放线要明显。因为推土机施工进进退退，其活动范围较大，施工地面高低不平，加上进车或退车时驾驶员视线存在死角，所以桩木和施工放线很容易受到破坏。为了解决这一问题：第一，应加高桩木的高度，桩木上可设置醒目标记，如挂小彩旗或涂明亮颜色，以引起施工人员的注意；第二，在施工期间，施工技术人员应和推土机驾驶员密切配合，随时随地用测量仪器检查桩点和放线情况，以免挖错位置。同时，施工人员应该经常到现场，随时随地进行检查，掌握全局，以免挖错（或堆错）位置。

（三）人工挖方

人工挖方一般适用于中小规模的土方工程,施工点分散,或场地条件恶劣以致机械无法进入的施工现场。人工挖方施工时,施工工具主要是锹、镐、钢钎等。人工挖方施工不但要组织好劳动力,而且要注意安全和保证工程质量。

人工挖方施工要点如下。

（1）挖方施工中一般不垂直向下挖得很深,要有合理的边坡,并要根据土质的疏松或密实情况确定边坡坡度的大小。必须垂直下挖的,松软土下挖深度不得超过 0.7 m,中等密度土不超过 1.25 m,坚硬土不超过 2 m,超过以上数值的须设支撑板或保留符合规定的边坡。

（2）施工者要有足够的工作面积,一般人均应有 4~6 m²。

（3）开挖土方附近不得有重物和易塌落物。

（4）挖方工人不得在土壁下向里挖土,以防坍塌。

（5）挖方工人在坡上或坡顶施工时,要注意坡下情况,不得向坡下滚落重物。

（6）在进行超过 1.5 m 的深度作业时,要用木板、铁管架等对土壁加以支撑,工具有锹、镐、钎、锤等。

（7）推土过程中,对表土层（熟土）加以保护,一般将 50 cm 深度的原有表土层推到一边,与 50 cm 深度以下的土（生土）分开堆放,以备后用。

（8）开挖时,挖方工人之间的操作间距应大于 2.5 m。

二、土方转运

一般竖向设计都力求土方就地平衡,以减少土方的搬运量。土方运输是较艰巨的劳动,人工运土一般都是短途的少量搬运,在局部或小型施工中还经常采用这种方式。长距离运土或工程量很大时运土,主要使用运输工具搬运,运输工具主要是装载机和汽车。根据工程施工特点和工程量大小的不同,还可采用半机械化和人工相结合的方式转运土方。另外,在土方转运过程中,应充分考虑运输路线的安排、组织,尽量使路线最短,以节省运力。土方的装卸应有专人指挥,要做到卸土位置准确,运土路线顺畅,以避免混乱和窝工。汽车长距离转运土方需要经过城市街道时,车厢不能装得太满,在驶出工地之前应当将车轮粘上的泥土全部扫干净,不得在街道上撒落泥土以致污染环境。

第三节　土方填筑和土方压筑

一、土方填筑

填土应该满足工程的质量要求,土壤的质量要根据填方的用途和要求加以选择,在绿化地段土壤应满足种植植物的要求,而作为建筑用地则应满足将来地基稳定的要求。利用外来土垫地堆山,应该对其土质先验定后放行,不得将劣土和受污染的土壤放入园内,以免将来影响植物的生长和妨害游人健康。

土方填筑施工要点如下。

(1)填埋顺序为先填石方,后填土方。

(2)采用分层填埋,一般工程每层30~60 cm,要求质量高的工程每层在30 cm以下。填一层压实一层,做到层层压实,在自然斜坡填土时要先做成高宽比为1:2的台阶,再填土方,保证土方与斜坡吻合,使新土方稳定。不同土要分层,同层最好不用多种土。如填方区底层存在淤泥,应清除杂质,松土夯实。

(3)在斜坡上填土时,为防止新填土方滑落,应先把土坡挖成台阶状,然后再填方。这样可保证新填土方的稳定。

(4)辇土或挑土堆山。土方的运输路线和下卸,应以设计山头为中心结合来土方向进行安排。一般以环形线为宜,车辆或人挑满载上山,土卸在路两侧,空载的车(人)沿路线继续前行下山,车(人)不走回头路,不交叉穿行,所以不会出现顶流拥挤的情况。随着卸土的进行,山势逐渐升高,运土路线也随之升高,这样既使人流有序,又使土山分层上升,部分土方边卸边压实,这不仅有利于山体的稳定,山体表面也较自然。如果土源有几个来向,运土路线可根据设计地形的特点安排几个小环路,小环路以人流车辆不相互干扰为原则。

二、土方压筑

根据工程量的大小,可采用人工夯压或机械碾压进行土方压筑。人力夯压可用夯、硪、碾等工具;机械碾压可用碾压机、振动碾或用拖拉机带动铁碾,小型夯压机械有内燃夯、蛙式夯等。掌握最佳含水量,分层进行。人力夯:每层不大于20 cm,3~4遍;打夯机:每层20~25 cm,3~4遍;压路机等:每层25~30 cm(12 t,4~6遍;8~10 t,8~10遍;5 t,10~12遍)。注意均匀,先轻后重,先外后内。填土的含水量对压实质量有直接影响。每种土壤都有其最佳含水量(见表4-2),土在最佳含水量条件下,压实后可得最大密实效果。为了保证填土在压实过程中处于最佳含水量,当土过湿时,应予翻松晾干,也可掺不同类土或吸水性填料;当土过干时,则应洒水湿润后再行压实。尤其是在建筑、广场道路、驳岸等对压实要求较高的填土场合,更应注意这个问题。

表4-2　各种土壤的最佳含水量

土壤种类	最佳含水量
重砂土	30%~35%
黏土质砂黏土和黏土	20%~30%
砂质黏土	6%~22%
细砂和黏质砂土	10%~15%
粗砂	8%~10%

土方压筑施工要点如下。

（1）压实工作必须分层进行,每层的厚度要根据压实机械、土的性质和含水量来决定。

（2）压实工作要注意均匀。

（3）松土不宜用重型碾压机械直接滚压,否则土层会有强烈的起伏现象,使碾压工作效率降低。压实松土时夯压工具应先轻后重。

（4）压实工作应自边缘开始逐渐向中间收拢,否则边缘土方易外挤引起坍落。

（5）大规模的工程应根据施工力量和条件决定,工程可全面铺开也可以分区分期进行。施工现场要有人指挥调度,各项工作要有专人负责,以确保工程按期、按计划、高质量地完成。

第四节　　土方施工注意事项

一、土方工程冬季施工原则

冬季土壤冻结后,要进行土方施工是很困难的,因此要尽量避免冬季施工。但为了争取施工时间,加快建设速度,也可冬季施工。

（1）机械开挖冻土层在 25 cm 以内的土壤可用 0.5~1.0 m³ 单斗挖土机直接施工,或用大型推土机和铲运机等综合施工。

（2）松碎法可分人工与机械两种。人工松碎法适用于冻层较薄的砂质土壤、砂黏土和植物性土壤等,对较松的土壤采用撬棍,对比较坚实的土壤使用钢锥。在施工时,松土应与挖运密切配合,当天松碎的冻土应当天挖运完毕,以免再度遭受冻结。

（3）爆破法适用于松解冻结厚度在 0.5 m 以上的冻土。此法施工简便,工作效率高。

（4）解冻的方法有很多,常用的方法有热水法、蒸汽法和电热法等。

（5）冬季的土方运输应尽可能缩短装运与卸车时间,运输道路上的冰雪应加以清除,并按需要在道路上加垫防滑材料,车轮可装设防滑链,在土壤运输时须覆盖保温材料以免冻结。

（6）为了保证冬季回填土不冻结或少冻结,可在挖土时将未冻土堆在一处,就地覆盖保温,或在冬季前预存部分土壤,加以保温,以备回填之用。

（7）冬季回填土壤,除应遵守一般土壤回填规定外,还应特别注意土壤中的冻土含量,除房屋内部和管沟顶部以上 0.5 m 以内不得用冻土回填外,其他工程允许使用冻土回填,冻土的含量应视工程情况而定,一般不得超过 30%。

（8）在回填土壤时,填土上的冰雪应加以清除,对 15 cm 以上厚度的冻土应予以击碎,再分层回填,碾压密实,并预留下沉高度。

二、土方工程雨季施工原则

大面积土方工程施工应尽量在雨季前完成。如要在雨季施工,则必须掌握当地的气象变化,在施工方法上采取积极措施。

（1）在雨季施工要做好必要的准备工作。雨季施工中特别需要注意的问题是:要保证挖方、填方和弃土区排水系统的完整和通畅,并在雨季前修成;对运输道路要加固路基,提高路拱,路基两侧要修好排水沟,以利泄水;路面要加铺炉渣或其他防滑材料;要有足够的抽水设备。

（2）在施工组织与施工方法上,可采取集中力量、分段突击的施工方法,做到随挖随填,保证填土质量。也可采取晴天做低处、雨天做高处的方法。在挖土到距离设计标高20~30 cm 时,预留垫层或基础施工前临时再挖。

三、滑坡与塌方的处理措施

（1）加强工程地质勘查。对拟建场地(包括边坡)的稳定性进行认真分析和评价;工程和路线一定要选在边坡稳定的地段,对具备滑坡形成条件的或存在古老滑坡的地段,一般不选作建筑场地或采取必要的措施加以预防。

（2）做好泄洪系统。在滑坡范围外设置多道环行截水沟,以拦截附近的地表水。在滑坡区,修设或疏通原排水系统,疏导地表水、地下水,防止渗入滑体。主排水沟宜与滑坡滑动方向一致,支排水沟与滑坡方向以 30°~45° 角斜交,防止冲刷坡脚。处理好滑坡区域附近的生活和生产用水,防止其浸入滑坡地段。如因地下水活动可能形成浅层滑坡时,可设置支撑盲沟、渗水沟,排除地下水。盲沟应布置在平行于滑坡滑动方向地下水露头处。

（3）做好植被工程。

（4）保持边坡坡度。保持边坡有足够的坡度,避免随意切割坡脚。土体尽量削成较平缓的坡度,或做成台阶状,使中间有 1~2 个平台,以提高稳定性,土质不同时,视情况削成2~3 种坡度。坡脚处有弃土时,将土石方填至坡脚,使其起反压作用。筑挡土堆或修筑台地,避免在滑坡地段切割坡脚或深挖方。如平整场地必须切割坡脚,且不设挡土墙,则应按切割深度将坡脚随原自然坡度由上而下削坡,逐渐挖至所要求的坡脚深度。

（5）避免坡脚取土。尽量避免在坡脚处取土,在坡肩上设置弃土或建筑物。在斜坡地段挖方时,应遵守由上而下分层的开挖程序。在斜坡上填土时,应遵守由下往上分层填压的施工程序,避免在斜坡上集中弃土,同时避免对滑坡坡体的各种振动作用。对可能出现的浅层滑坡,最好将坡体全部挖除;如土方量较大,不能全部挖除,且表层土破碎含有滑坡夹层,则可对滑坡坡体采取深翻、推压、打乱滑坡夹层、表层压实等措施,减少滑坡因素。

四、已滑坡工程的处理原则

对已滑坡工程,应先稳定后采取设置混凝土锚固桩、挡土墙、抗滑明洞、抗滑锚杆或混凝土墩与挡土墙相结合的方法加固坡脚,接着在下段做截水沟、排水沟,陡坝部分去土减重,保持适当坡度。

（1）对于滑坡坡体的主滑地段可采取挖方卸荷,拆除已有建筑物或平整后铺垫强化筛网等减重辅助措施。

（2）滑坡面土质松散或具有大量裂缝时,应进行填平、夯填,防止地表水下渗;在滑坡面采取植树、种草皮、铺浆砌片石等措施以保护坡面。

（3）若倾斜表层下有裂缝滑动面,可在基础下设置混凝土锚桩（墩）。若土层下有倾斜岩层,可将基础设置在基岩上用锚铨锚固,或做成阶梯形采用灌注桩基减轻土体负担。

第五章　给排水工程

第一节　给水工程

一、给水方式

按照给水性质和给水系统的构成,给水可分为引用式、自给式、兼用式三种方式。

(一)引用式给水

给水系统如果直接从城市给水管网系统上取水,就是引用式给水。这种给水方式的给水系统构成比较简单,只需设置园内管网、水塔、清水蓄水池即可。引水的接入点可视绿地具体情况和城市给水管网从附近经过的情况决定,可以集中在一点接入,也可以分散由几点接入。

(二)自给式给水

对于野外风景区或郊区的绿地,如果没有直接取用城市给水水源的条件,就可考虑就近取用地下水或地表水,这种给水方式称为自给式给水。以地下水为水源时,因其水质一般比较好,往往无须净化处理就可以直接使用,因而其给水系统的构成就要简单一些。一般可以只设水井(或管井)、泵房、消毒池、输配水管道等。如果采用地表水作为水源,其给水系统的构成就要复杂一些,从取水到用水过程中所需布置的设施是:取水口、集水井、一级泵房加矾间与混凝池、沉淀池及其排泥阀门、滤池、清水池、输水管网、水塔或高位水池等。

(三)兼用式给水

在既有城市给水条件,又有地下水、地表水可供采用的地方,常常接入城市给水系统,作为生活用水或游泳池等对水质要求较高的项目的用水水源,而生产用水、造景用水等则另设一个以地下水或地表水为水源的独立给水系统。这样做投入的工程费用稍多一些,但却可以大大节省以后的水费。

在地形高差显著的绿地,可考虑分区给水方式。分区给水就是将整个给水系统分成几个区,不同区管道中的水压不同,区与区之间可有适当的联系以保证供水可靠和调度灵活。

二、给水管网的布置

给水管网的布置除要了解工程范围内用水的特点外,工程四周的给水情况也很重要,它往往影响管网的布置方式。一般小型景观工程的给水可由一点引入。但对较大型的景观工程,特别是地形较复杂的景观工程,为了节约管材,减少水头损失,以多点引水为宜。

(一)给水管网的布置形式

景观工程给水管网的布置形式分为树枝状和环状两种,如图 5-1 所示

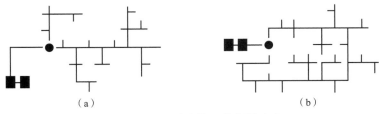

（a）   （b）

图 5-1　园林给水管网的布置形式
（a）树枝状管网　（b）环状管网

（1）树枝状管网。这种布置方式较简单,省管材。布线形式就像树干分枝,它适于用水点较分散的情况,对分期发展的景观工程有利。但树枝状管网供水的保证率较差,一旦管网出现问题或需维修时,受影响的用水面积较大。

（2）环状管网。环状管网是把供水管网闭合成环,使管网供水能互相调剂。即使管网中的某一管段出现故障,也不致影响供水,从而提高了供水的可靠性。但这种布置形式较费管材,投资较大。

在实际布置管网时,常常将两种布置方式结合起来应用。在用水点密集的区域,采用环状管网;而在用水点稀少的局部,则采用分支较少的树枝状管网。或者,在近期中采用树枝状管网,而到远期用水点增多时,再改造成环状管网。

(二)给水管网的布置与埋深

（1）给水管网的干管应靠近主要供水点和调节设施（如高位池或水塔）。

（2）在保证不受冻的情况下,干管宜随地形起伏敷设,避开复杂地形和难于施工的地段,以减少土石方工程量。

（3）干管应尽量埋设于绿地下,避免穿越或设于园路下。干管和其他管道按规定保持一定距离。

（4）在冰冻地区,管道应埋设于冰冻线以下 40 cm 处。不冻或轻冻地区,覆土深度不小于 70 cm。干管管道不宜埋得过深,埋得过深会导致工程造价高;但也不宜过浅,否则管道易遭破坏。

(三)给水管网的布置要求

布置给水管网应当根据地形、系统布局、主要用水点的位置、用水点所要求的水量与水

压、水源位置和其他管线工程的综合布置情况合理地做好安排。要求管网较均匀地分布在用水地区,并有两条或几条管道通向水量调节构筑物(如水塔)和主要用水点。

给水管网布置的基本要求如下。

(1)应使各用水点有足够的水量和水压。干管应布置在地势较高处,能利用地形高差进行重力自流给水。

(2)应选用最短的管道线路,考虑施工的方便,并努力使给水管网的修建费用最少。

(3)当管网发生故障或进行检修时,要求仍能保证继续供给一定量的水。为了把水送到各个局部地区,除了要安装大口径的输水干管以外,还要在各用水地区埋设口径大小不同的配水管网。由输水干管和配水支管构成的管网是给水工程中的主要部分,占全部给水工程投资的40%~70%。

(4)合理选择管道(包含排水管道)的材料,大型排水管道有砖砌、石砌和预制混凝土装配式等。

(四)阀门和消防栓的布置

给水管网的交点称为节点,在节点上设有阀门等附件。为了检修、管理方便,节点处应设阀门井。阀门除安装在支管和干管的连接处外,为便于检修养护,要求每500 m直线距离设一个阀门井。

为了保证发生火灾时有足够的水量和水压用于灭火,消防栓应设置在园路边的给水主干管道上,尽量靠近景观工程建筑。消防栓之间的距离不应大于120 m;消防栓与建筑物的间距不得大于5 m;为了便于消防车补给水,消防栓与车行道的间距不大于2 m。

三、给水管网的审核

(1)核对景观工程给水管网时,首先应该确定水源和给水方式。

(2)确定水源的接入点。一般情况下,中小型公园用水可由城市给水系统的某一点引入;但对较大型的公园或狭长形状的公园用地,由一点引入则不够经济,可根据具体条件采用多点引入。采用独立给水系统的,不考虑从城市给水管道接入水源。

(3)对景观工程内所有用水点的用水量进行计算,并算出总用水量。

(4)确定给水管网的布置形式、主干管道的布置位置和各用水点的管道引入。

(5)根据已计算出的总用水量,进行管网的水力学计算,按照计算结果选用管径合适的水管,最后布置成完整的管网系统。

四、用水量核算

核算景观工程总用水量,先要根据各种用水情况下的用水量标准,计算出最高日用水量和最大时用水量,并确定相应的日变化系数和时变化系数。所有用水点的最高日用水量之和,就是景观工程的总用水量;而各用水点的最大时用水量之和,则是景观工程的最大总用水量。给水管网系统的设计,就是按最高日最大时用水量确定的,最高日最大时用水量就是给水管网的设计流量。

日变化系数：

$$K_{d} = \frac{最高日用水量}{平均日用水量}$$ （5-1）

景观工程中 K_{d} 通常为 2~3。

时变化系数：

$$K_{h} = \frac{最大时用水量}{平均时用水量}$$ （5-2）

景观工程中，K_{h} 通常为 4~6。

1. 用水量标准

用水量标准是国家根据各地区不同城市的性质与气候、当地人民的生活水平与习惯、房屋卫生设备等不同情况而制定的。这个标准针对不同用水情况分别规定了用水指标，这样更加符合实际情况，同时也是计算用水量的依据。

2. 最高日用水量核算

最高日用水量就是景观工程中用水最多那一天的消耗水量。公园内各用水点用水量标准不同时，最高日用水量应当等于各点用水量的总和。在用水量最大的那一天消耗水量最多的那一小时的用水量称为最高日最大时用水量。核算最高日最大时用水量时，应尽量切合实际，避免产生较大的误差。

3. 总用水量核算

在确定景观工程总用水量时，除了要考虑满足近期用水要求外，还要考虑远期用水量增加的可能，要在总用水量中增加一些发展用水、管道漏水、临时突击用水及其他不能预见的情况的用水量。这些用水量可按日用水量的 15%~25% 来确定。

五、管道计算

（一）有关图纸、资料的搜集与研讨

首先根据景观工程设计图纸、说明书等，了解原有的或拟建的建筑物、设施等的用途、用水要求和各用水点的高程等，然后根据景观工程所在地附近城市给水管网的布置情况，掌握其位置、管径、水压和引用的可能性。如景观工程（特别是地处郊区的公园）自设设施取水，则须了解水源（如泉等）常年的流量变化、水质优劣等。

（二）布置管网

在景观工程设计平面图上，定出给水干管的位置、走向，并对节点进行编号，测量出节点间的长度。

（三）用水量和水压的确定

1. 用水量的确定

某用水点的最高日用水量：

$$Q_d=qN \tag{5-3}$$

式中　Q_d——最高日用水量，L/d；

　　　q——用水量标准（最高日），L/(d·人)或L/(d·个)；

　　　N——游人数或用水设施的数目，人或个。

　　该用水点的最大时用水量：

$$Q_h = \frac{Q_d}{24} K_h \tag{5-4}$$

式中　Q_h——最大时用水量，L/h 或 m³/h；

　　　K_h——时变化系数，常取 4~6。

　　该用水点的设计秒流量：

$$Q_s=Q_h/3\,600 \tag{5-5}$$

式中　Q_s——设计秒流量，L/s。

　　根据求得的设计秒流量 Q_s，查相关表，以确定连接点之间的直径，并查出与该管径相应的流速和单位长度的水头损失值。

2. 水压或水头的确定

　　水压计算的目的有两个：一是使用水点处的水量和水压都能得到满足；二是校核配水管的水压（或水泵扬程）能否满足景观工程内最不利点的配水水压要求。

　　给水管段所需水压为

$$H=H_1+H_2+H_3+H_4 \tag{5-6}$$

式中　H——引水管处所需的总压力；

　　　H_1——引水点和用水点之间的地面高程差；

　　　H_2——用水点与建筑进水管的高差；

　　　H_3——用水点所需的工作水头；

　　　H_4——沿程水头损失和局部水头损失之和。

　　按上述方法计算水头，如果引水点的自由水头高于用水点的总水压要求，说明该管段的设计是合理的。

（四）干管的水力计算

　　在计算完各用水点的用水量和确定各点引水管的管径之后，应进一步计算干管各节点的总流量，据此确定干管各管段的管径，并对整个管网的总水头进行复核。

　　复核一个给水管网各点所需水压能否得到满足的方法是：找出管网中的最不利点，即地势高、距离引水点远、用水量大或要求工作水头特别高的用水点。最不利点的水压得到满足时，同一管网的其他用水点的水压也能得到满足。

六、给水管道的施工

　　给水管道的敷设一般采取地面浅埋方式，在接近园内建筑物时也常采用明管敷设。水管埋地深度可为 20~50 cm。施工时,先要核对给水设计图所规定的水管位置与走向、管头连接方式和阀门井的位置,在地面准确地定线;然后依照定线挖浅槽,注意槽底要平整。在土槽中敷设管道,按照设计要求连接好水管的接头,保证不漏水,再安装上阀门和水龙头;最后,将挖出的槽土回填并压实。

第二节　排水工程

一、排水的主要方式

在景观工程中,绿地多依山傍水,设施繁多,自然景观与人工造景相结合。因此,在排水方式上也有其本身的特点。其基本的排水方式有:利用地形自然排除雨、雪水等天然降水,可称为地面排水;利用排水设施排水,这种方式主要用于排除生活污水、生产废水、游乐废水和集中汇流到管道中的雨、雪水,可称为管道排水;利用地面排水与管道排水结合的方式排水,如管渠排水、暗沟排水。其中,地面排水最为经济。

现将几种常见的排水量相近的排水设施的造价进行比较。设以管道(混凝土管或钢筋混凝土管)排水的造价为100%,则石砌明沟约为58%,砖砌明沟约为28%,砖砌加盖沟约为68%,而土明沟仅为2%。由此可见地面排水的经济性。

(一)地面排水

1. 地面排水的方式

地面排水的方式可以归结为五个字:拦、阻、蓄、分、导。

(1)拦:把地表水拦截于园地或某局部之外。

(2)阻:在径流流经的路线上设置障碍物挡水,起到消力降速以减少冲刷的作用。

(3)蓄:蓄包含两方面意义,一方面是采取措施使土壤多蓄水;另一方面是利用地表洼处或池塘蓄水。这对干旱地区的绿地尤其重要。

(4)分:用山石建筑墙体等将大股的地表径流分成多股细流,以减少危害。

(5)导:利用地面、明沟、道路边沟或地下管把多余的地表水或造成危害的地表径流及时排放到园内(或园外)的水体或雨水管渠中。

2. 竖向设计与工程措施

地面排水必然会造成水土流失,应通过竖向设计和工程措施来避免和减少水土流失。

1)竖向设计

(1)控制地面坡度,不宜过大。

(2)同一坡度坡面不宜延续过长,要有起伏。

(3)利用盘山道、谷线拦截和组织排水。

（4）利用植物护坡。

2）工程措施

（1）谷方。利用山谷中散布的山石，缓和水的冲力，减小径流速度，从而减少水对山谷表土的冲刷。用作谷方的山石要有一定的体量，部分埋入土中，这样既可防止水把山石冲走，又可形成景观。

（2）挡水石。当利用山道边沟排水时，在局部坡度较大之地散布山石，可降低水的流速。这种山石与植物结合，还可形成很好的小景。

（3）护土筋。在山路边沟坡度较大或同一坡度过长的地段敷设护土筋，可用砖仄铺或将其他块料埋置土中，露出地面 3~5 cm，每隔 10~20 m 设置 3~4 道，似鱼骨头排列于道路两侧边沟中。

（4）出水口处理。可设置消力阶、礓磋（台阶）、消力块等，也可在出水口进行埋管处理。

（二）管渠排水

景观工程中的绿地应尽可能利用地形排除雨水，但在某些局部如广场、主要建筑周围或难于利用地面排水的局部，可以设置暗管或开渠排水。这些管渠可根据分散和直接的原则，分别排入附近水体或城市雨水管，不必采用完整的系统。

（1）管道的最小覆土深度根据雨水井连接管的坡度、冰冻深度和外部荷载情况决定，水管的最小覆土深度不小于 0.7 m。

（2）对于最小坡度，道路边沟不小于 0.2%，梯形明渠不小于 0.2%。

（3）对于最小容许流速，各种管道在自流条件下不得小于 0.75 m/s，各种明渠不得小于 0.4 m/s（个别地方可酌减）。

（4）雨水管最小管径不小于 300 mm，一般雨水口连接管最小管径为 200 mm，最小坡度为 1%。绿地的径流中夹带泥沙和枯枝落叶较多，容易堵塞管道，故最小管径限值可适当放大。

梯形明渠为了便于维修和排水通畅，渠底宽度不得小于 30 cm。对于梯形明渠的边坡，用砖石或混凝土块铺砌的一般采用 1∶0.75~1∶1 的边坡。

（5）对于排水管渠的最大设计流速，金属管为 10 m/s，非金属管为 5 m/s；明渠水流深度为 0.4~1.0 m 时，宜按有关规范采用。

（三）暗沟排水

暗沟又称为盲沟，是一种地下排水渠道，用以排除地下水，降低地下水位。在一些要求排水良好的活动场地，如体育场、儿童游戏场等或地下水位过高影响植物种植和开展游园活动的地段，都可以采用暗沟排水。

暗沟排水的优点是：取材方便，可废物利用，造价低廉；不需要检查井或雨水井之类的排水构筑物，地面无"痕迹"，从而保持了绿地或其他活动场地的完整性，尤其适用于草坪的排水。

1. 布置形式

暗沟排水的布置形式依地形和地下水的流动方向而定，大致可归纳为图 5-2 所示的四种。

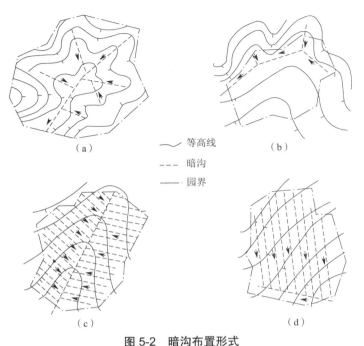

图 5-2　暗沟布置形式

（a）自然式　（b）截流式　（c）箅式　（d）耙式

（1）自然式:景观工程处于山坞状地形,由于地势周边高中间低,地下水向中心部分集中,地下布置暗渠系统,将排水干管设于谷底,其支管自由伸向周围的每个山洼以拦截由周围进入景观工程的地下水。

（2）截流式:景观工程四周或一侧较高,地下水来自高地,为了防止景观工程地下水侵入园林,在地下水来向一侧设暗沟截流。

（3）箅式:景观工程地处豁谷,在谷底设干管,支管成鱼骨状向两侧坡地伸展。此法排水迅速,适用于低洼地积水较多的情况。

（4）耙式:适合于一面坡的情况,将干管埋设于坡下,支管由一侧接入,形如铁耙。

以上几种形式可视当地情况灵活采用,单独用某种形式布置或据情况用两种以上形式混合布置均可。

2. 暗沟的埋置深度

影响埋置深度的因素有如下几个方面。

（1）受植物对水位要求的影响,例如草坪区暗沟的深度不小于 1 m,不耐水的松柏类乔木,要求地下水距地面不小于 1.50 m。

（2）受根系破坏的影响,不同的植物根系的大小深浅各异。

（3）受土壤质地的影响,土质疏松可浅些,黏重土应深些。

（4）受地面上荷载的影响。

（5）在北方冬季严寒地区,还受冰冻破坏的影响。

（6）暗沟的埋置深度不宜过浅,否则表土中的养分易流走。

3. 支管的设置间距

暗沟支管的数量与排水量和地下水的排除速度有直接的关系。暗沟沟底纵坡坡度应不小于 5%，只要地形等条件许可，纵坡坡度应尽可能取大些，以利于地下水排出。

二、出水口的处理

当地表径流利用地面或明渠排入景观工程水体时，为了保护岸坡，出水口应进行适当处理，常见的处理方法如下。

1. 做簸箕式出水口

簸箕式出水口即所谓的"水簸箕"。这是一种敞口式排水槽，槽身可采用三合土、混凝土、浆砌块石或砖砌体做成。

2. 做消力出水口

排水槽上口、下口高差大时可以在槽底设置"消力阶"、礓礤（台阶）或消力块。

3. 做造景出水口

在景观工程中，雨水排水口还可以结合造景布置成小瀑布、跌水、溪涧、峡谷等，一举两得，既解决了排水问题，又使园景生动自然，丰富了景观内容。

4. 埋管作为排水口

这种方法在景观工程中广泛运用，即利用路面或道路两侧的明渠将水引至适当位置，然后设置排水管作为出水口，排水管口可以伸到水面以上，管口出水直接落入水面，可避免冲刷岸边；或者，也可以从水面以下出水，从而使出水口隐藏起来。

三、排水系统的体制

将景观工程中的生活污水、生产废水、游乐废水和天然降水从产生地点收集、输送和排放的基本方式，称为排水系统的体制。排水系统的体制主要有分流制与合流制两类（如图5-3 所示）。

1. 分流制排水系统

这种排水体制的特点是"雨、污分流"。雨、雪水，生产废水，游乐废水等污染程度低，故无须净化处理就可直接排放，为此而建立的排水系统，称雨水排水系统。为生活污水和其他需要除污净化后才能排放的污水另外建立的一套独立的排水系统，则称为污水排水系统。两套排水管网系统虽然是一同布置的，但互不相连，雨水和污水在不同的管网中流动和排放。

2. 合流制排水系统

这种排水体制的特点是"雨、污合流"，排水系统只有一套管网，既排雨水又排污水。这种排水体制已不适于现代城市环境保护的需要，所以在一般城市排水系统的设计中已不再采用，但是在污染负荷较轻，没有超过自然水体环境的自净能力时，还是可以酌情采用的。一些景观工程的水体面积较大，水体的自净能力完全能够消化工程内有限的生活污水，为了节约排水管网建设的投资,就可以在近期考虑采用合流制排水系统,待以后污染加重了,再改造成分流制排水系统。

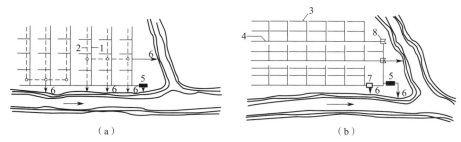

图 5-3　排水系统的体制

(a)分流制排水系统　(b)合流制排水系统

1—污水管网;2—雨水管网;3—合流制管网;4—截流管;5—污水管理站;6—出水口;7—排水泵站;8—溢流井

四、排水管网的布置形式

1. 正交式布置

当排水管网的干管总走向与地形等高线或水体方向大致呈正交时,管网的布置形式就是正交式,如图 5-4(a)所示。这种布置方式适用于排水管网总走向的坡度接近于地面坡度和地面向水体方向较均匀地倾斜的情况。采用这种布置形式,各排水区的干管能以最短的距离通到排水口,管线长度短管径较小,埋深小,造价较低。在条件允许的情况下,应尽量采用这种布置形式。

2. 截流式布置

在正交式布置的管网较低处,沿着水体方向再增设一条截流干管,将污水截流并集中引到污水处理站,这种布置形式称为截流式布置。其可减少污水对景观工程水体的污染,也便于对污水进行集中处理,如图 5-4(b)所示。

3. 扇形布置

在地势向河流湖泊方向有较大倾斜的景观工程中,为了避免出现因管道坡度和水的流速过大而造成管道被严重冲刷的情况,可将排水管网的主干管布置成与地面等高线或与景观工程水体流动方向相平行或夹角很小的状态。这种布置方式称为扇形布置或平行式布置,如图 5-4(c)所示。

4. 分区式布置

当规划设计的地形高低差别很大时,可分别在高地形区和低地形区各设置独立的、布置形式各异的排水管网系统,这种布置形式就是分区式布置,如图 5-4(d)所示。若低区管网中的水可按重力自流方式直接排入水体,则高区干管可直接与低区管网连接。若低区管网中的水不能依靠重力自流排除,那么就将低区的排水集中到一处,用水泵提升到高区的管网中,由高区管网依靠重力自流方式把水排除。

5. 辐射式布置

当用地分散、排水范围较大、基本地形向周围倾斜和周围地区都有可供排水的水体时，为了避免管道埋设太深和降低造价，可将排水干管布置成分散的、多系统的、多出口的形式。这种布置形式称为辐射式布置或分散式布置，如图 5-4(e)所示。

6. 环绕式布置

环绕式布置是将辐射式布置的多个分散出水口用一条排水主干管串联起来，使主干管环绕在周围地带，并在主干管的最低点集中布置一套污水处理系统，以便污水集中处理和再利用，如图 5-4(f)所示。

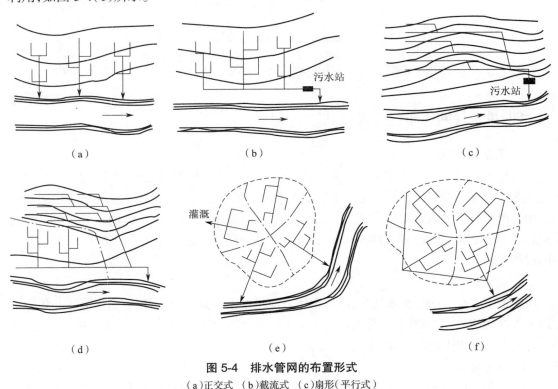

图 5-4　排水管网的布置形式
（a）正交式　（b）截流式　（c）扇形（平行式）
（d）分区式　（e）辐射式（分散式）　（f）环绕式

五、管线工程的综合布置

（一）一般原则

（1）采用统一的城市坐标系统和高程系统。在平面上布置各种管线时，管线平面定位最好采用统一的城市坐标系统和高程系统，以免后来发生混乱和互不衔接的情况。

（2）尽可能利用原来的管线。对现状中已有的管线，如穿过绿地的城市水电干线和基建施工中敷设的永久性管线，必须直接利用；如的确不符合景观工程绿地继续使用要求的，可以考虑放弃和拆除。

（3）尽可能采取最短、最简单的埋地敷设。各种管线应尽可能采用埋地敷设的形式,并且尽可能地沿着边缘地带敷设。如果沿着边缘敷设会使管线增长,应该离开边缘地带,而采取最短的路线敷设。

（4）多数管线应布置在绿化用地中,这样可便于检修。

（5）要考虑以后的发展,留出余地。

（6）布置中应力求减少管线交叉。

（7）架空方式敷设要求。采取架空方式敷设的电信线路和电力线路,最好不合杆架设。

（8）管线过桥要求。一般不允许通过桥梁敷设可燃、易燃管道。应根据桥梁的结构特点,尽量采用埋设方式通过桥面或通过桥栏杆外侧。管线过桥一定要隐蔽、安全,不得影响景观。

（9）建筑、围墙边缘敷设要求。管线从建筑边线、围墙边线等向外侧水平方向平行敷设时,敷设的次序要根据管线的性质和埋设的深度来确定。可燃、易燃和损坏时对房屋基础和地下室有危害的管道,其埋设位置应离建筑物远一些。

（10）一般管线应自上向下地布置。一般管线自上向下的布置顺序是:电力电缆→电线电缆或电信管道→燃气管道→热力管道→给水管道→雨水管道→污水管道。

（11）解决管线冲突的原则:①暂时让长久;②小的让大的;③可弯曲的让不容易弯曲的;④压力让重力;⑤未敷设的让已敷设的。

（二）覆土深度

深埋:管道覆土深度大于 1.5 m。浅埋:管道覆土深度小于 1.5 m。

（三）排水施工工序

景观工程的园林景观中,地面排放雨水过程中先将雨水引入路边和场地边,由路边、场地边所设的排水沟、集水口或进水口将雨水排放到景观工程排水管网系统中。排水沟施工按一般浅水沟的方法进行,集水口或进水口、检查井、排水管道的施工如下。

1. 集水口或进水口的施工

集水口或进水口一般是用砖石材料砌筑一个集水坑,坑底是深度超过 15 cm 的砂坑,坑壁的中部与排水管的管口结合。集水口或进水口的外面要设透水的盖子。盖子要很结实,能承受汽车碾压。一般用铸铁或钢筋混凝土制作;盖子上的孔洞、空槽面积要足够大,以利于通畅地排水。

2. 检查井的施工

检查井的直径比排水管道大,施工时间也要长一些,因此开挖井坑时要采用临时的挡土措施,以保证施工安全。砖砌检查井时,砖缝中水泥砂浆要饱满,使井壁有足够的强度。井壁与排水管口的连接要牢固,不能有松动,检查井顶面的竣工高度,要注意与道路场地铺装面的高度妥善衔接。井盖一般选用标准的制成品,井边回填作业,应分层填埋,层层筑实;若未能筑实,以后有可能因侧土下沉或经受振动而造成井壁与管口的移位或破损。

3.管道的铺设

排水管道一般属于重力自流管道,施工前首先要核对设计的上下游管道管底标高是否正确无误。施工时,先开挖埋管的土槽,土槽各处深度要按设计管底的标高来确定,槽宽应至少比管径大一倍,为了防止埋管后因地基不均匀沉降而造成管道折裂与变形,对槽底土质松软段应夯实加固,并且要使槽底相对平整,这项工作一定要保证质量,因为以后管道埋在地下,破裂处的辨认和检修都很困难,埋管时,应该先从下游的管道开始敷设。逐步向上游推移,以利排水,管内异物要清除,管口连接要紧密,要保证密封,不得漏水,敷设过程中,还要随时复核各处管底标高是否符合设计要求,管通敷设好后,再进行简单回填作业,将回填土基本压实即可。

六、给排水施工流程

给排水施工流程如图 5-5 所示。

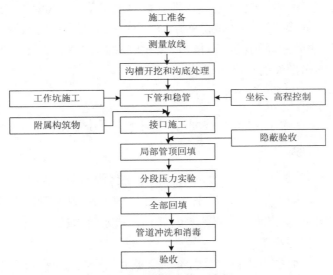

图 5-5　给排水施工流程

七、污水的处理

景观工程中的污水是城市污水的一部分,但和城市污水不尽相同。景观工程产生的污水量比较少,性质也比较简单。它基本上由两部分组成:一是餐饮部门排放的污水;二是厕所及卫生设备产生的污水。在动物园或带有动物展览区的公园里,还有部分动物粪便和清扫动物笼舍的脏水。由于景观工程的污水性质简单,排放量少,处理这些污水也相对简单些。

（一）污水处理方法

（1）除油池。除油池是用自然上浮法分离、取出含油污水中浮油的一种污水处理池。污水从池的一端流入池内,再从另一端流出,通过技术措施将浮油导流到池外。这种方式可用于处理餐厅、食堂排放的污水。

（2）化粪池。化粪池设有搅拌与加温装置,是一种在自然条件下消化处理污物的地下构筑物,是处理宿舍、公厕粪便最简易的一种处理方法。其主要原理是:将粪便导流入化粪池沉淀下来,在厌氧细菌的作用下,发酵、腐化、分解,使污物中的有机物分解为无机物。化粪池内部一般分为三格:第一格供污物沉淀发酵;第二格供污水澄清;第三格使澄清后的污水流入排水管网系统中。

（3）沉淀池。沉淀池可使水中的固体物质(主要是可沉固体)在重力作用下下沉,从而与水分离。根据水流方向,沉淀池可分为平流式、辐流式和竖流式三种。平流式沉淀池中水从池子一端流入,按水平方向在池内流动,从池的另一端溢出;池呈长方形,在进口处的底部有储泥斗。辐流式沉淀池表面呈圆形或方形,污水从池中间进入,澄清的污水从池周溢出。竖流式沉淀池,污水在池内也沿水平方向流动;水池表面多为圆形,但也有呈方形或多边形者;污水从池中央下部进入,由下向上流动,清水从池边溢出。

（4）过滤池。过滤池是使污水通过滤料(如砂等)或多孔介质(如布、网、微孔管等)以截留水中的悬浮物质,从而使污水净化的装置。这种方法在污水处理系统中,既可用于以保护后继处理工艺为目的的预处理,也可用于出水能够再次复用的深度处理。

（5）生物净化池。生物净化池是以土壤自净原理为依据,在污水灌溉的实践基础上,经间歇砂滤池和接触滤池而发展起来的人工生物处理装置。污水长期以滴状洒布在滤料的表面上,在污水流经的表面上就会形成生物膜。生物膜成熟后,栖息在膜上的微生物即摄取污水中的有机污染物作为营养,从而使污水得到净化。

（二）污水排放

净化污水应根据污水性质分别对其进行处理。如饮食部门的污水主要是残羹剩饭汤汁和洗涤废水,污水中含有较多油脂。对这类污水,可设带有沉淀池的隔油井,经沉淀隔油后,排入就近的水体。这些水可以养鱼,也可以给水生植物施肥,水体中可广种荷花、水浮莲等水生植物。水生植物通过光合作用放出大量的氧气,氧气溶解在水中,为污水的净化创造了极好的条件。粪便污水处理则应采用化粪池。污水在化粪池中经沉淀、发酵等处理后可排入偏僻的或不进行水上活动的水体。水体应种植水生植物和养鱼。对化粪池中的沉渣污泥,应根据气候条件每三个月至一年清理一次,这些污泥是很好的肥料。

排放污水的地点应该远离设有游泳场之类的水上活动区以及景观工程的重要部分。排放时也宜选择闭园休息时。

第三节　喷灌系统

一、喷灌系统的特征、组成和类型

（一）喷灌系统的特征

喷灌是指利用灌溉设施对各类绿地的草坪、树木、花卉等进行灌溉的过程。采用喷灌系统对植物进行灌溉，能够在不破坏土壤通气和土壤结构的条件下，保证均匀地湿润土壤；还能够节约大量的灌溉用水，比普通浇水灌溉节约 40%~60% 的水量。喷灌的最大优点在于它使灌水工作机械化，显著提高了灌水工效。目前，依据不同的环境要求，一般采用喷灌和微灌方式进行灌溉，其节水、节能、省工且灌溉质量高。良好的灌水系统可实现灌水均匀，灌溉强度不超过土壤渗水能力，灌水量不超过土壤持水量。要达到以上标准，需设计合理，施工正确，运行正常。

（二）喷灌系统的组成

喷灌系统由水源、控制中心、管道系统和喷头组成。

1. 水源

（1）井内地下水：水质稳定、干净。

（2）湖泊、水库、坑塘等地面水：避免污染。

（3）河流：有堵塞的可能，粉砂堵塞喷头，使土壤渗水速度慢。

（4）自来水：有时无须动力，利用自来水本身的压力喷水。

2. 控制中心（以动力设备为主）

控制中心包括水泵、过滤器、闸阀、自动控制设备等。

3. 管道系统

管道系统包括干管、支管及各种连接管件。PVC（聚氯乙烯）管、UPVC（硬 PVC）管等有取代镀锌钢管的趋势。

4. 喷头

喷头有多种类型，有工作压力、射程、流量和喷灌强度等参数，这些参数也是喷头选择的依据。根据喷头的结构形式与水流形状，喷头可分为旋转类、漫射类和孔管类三种类型。

（1）旋转类喷头。管道中的压力水流通过喷头形成一股集中的射流喷射而出，再经自然粉碎形成细小的水滴洒落在地面上。在喷洒过程中，喷头绕竖向轴缓缓旋转，使其喷射范围形成一个半径等于其射程的圆形或扇形，喷射水流集中，水滴分布均匀，射程达 30 m 以上，喷灌效果较好。这类喷头中，因转动机构的构造不一样，又可分为摇臂式、叶轮式、反作用式和手持式等形式，还可根据是否装有扇形机构而分为扇形喷灌喷头和全圆周喷灌喷头两种形式。

（2）漫射类喷头。这种喷头是固定式的，在喷灌过程中所有部件都固定不动，而水流却是呈圆形或扇形向四周分散的。喷灌系统的结构简单，工作可靠，在公园苗圃或一些小块绿地有所应用。其喷头的射程较短，为 5~10 m，喷灌强度大，可达 20 mm/h 以上，但喷灌水量不均匀，近处比远处的喷灌强度大得多。

（3）孔管类喷头。喷头实际上是一些水平安装的管子。在水平管子的上面分布了一些整齐排列的小喷水孔，孔径仅 1~2 mm。喷水孔在管子上有排列成单行的，也有排列为两行以上的，分别称为单列孔管和多列孔管。

（三）喷灌系统的类型

1. 移动式喷灌系统

移动式喷灌系统的动力、泵、管道和喷头均可移动。其优点是设备利用率高，可降低单位面积投资，操作灵活。其缺点是管理强度大，工作时占地面积较大。

2. 固定式喷灌系统

固定式喷灌系统有固定的泵站，对于城区的景观工程，可使用自来水进行喷灌。这种系统的干管和支管均埋于地下，喷头可固定在管道上，也可临时安装。有一种较先进的固定喷头，不用时藏在窨井中，使用时只需将阀门打开，喷头就会借助水压上升到一定高度；工作完毕，关上阀门，喷头便自动缩回窨井中。这种喷头操作方便，不妨碍地上活动，但投资较大。

固定式喷灌系统需用到大量管材和喷头，但操作方便、节约劳力、便于实现自动化和遥控，适用于需要经常灌溉和灌溉期长的草坪、大型花坛、苗圃、庭院绿化等。

3. 半固定式喷灌系统

半固定式喷灌系统的泵站和干管固定，但支管与喷头可以移动，即一部分设施固定，一部分设施可以移动。其优缺点介于上述两种喷灌系统之间，主要适用于较大的花圃和苗圃。

二、灌溉系统的设计

（一）设计灌水定额

灌水定额是指一次灌水的水层深度（mm）或一次灌水单位面积的用水量（m³/hm²）。计算时，利用系数可根据水分蒸发量大小确定。气候干燥，蒸发量大的喷灌不容易做到均匀一致，而且水分损失较多，因此利用系数应选较小值，具体设计时常取 70%；对于湿润环境，水分蒸发较少，则应取较大的系数值。设计灌水定额是作为设计依据的最大灌水定额（要求：植物有充足的水分，又不浪费水）。其可由以下两种方法确定。

（1）利用土壤田间持水量资料计算。土壤田间持水量是指在排水良好的土壤中，排水后不受重力影响而保持土壤中的水分含量。合理的灌水量是使土壤的含水量等于土壤田间持水量，少了不足，多了会渗走。最合适的土壤湿度为土壤含水量等于土壤田间持水量的 80%~100%（质量分数，下同），此为灌水的上限。若土壤含水量低于土壤田间持水量的

60%,植物吸水困难,此为灌水的下限。

（2）利用土壤有效持水量资料计算。有效持水量是指可以被植物吸收的土壤水分。灌溉主要是补充土壤中的有效水分,通常土壤有效持水量耗去 1/3~2/3 的体积含量便需要灌水补充。

（二）灌溉周期

灌溉周期又称轮灌期,也称间隔时间,在喷灌系统设计中,需确定植物耗水最多时期的允许最大灌水间隔时间。灌溉周期要适当。若灌水过多,草坪生长不健壮,发病率高;若灌水太少,会发生干旱。

（三）喷灌强度

单位时间喷洒于田间的水层深度称为喷灌强度。喷灌强度的选择很重要,强度过小,土壤蒸发损失大;反之,强度过大,水来不及被土壤吸收便形成径流或积水,容易造成水土流失,破坏土壤结构。而且在同样的喷水量下,强度过大,土壤湿润深度反而减少,灌溉效果不好。灌溉系统工作时的组合喷灌强度,取决于喷头的水力性能、喷洒方式和布置间距等。其中,喷洒方式有圆形喷洒和扇形喷洒两种。一般在管道式喷灌系统中,除了位于地块边缘的喷头进行扇形喷洒,其余喷头均为圆形喷洒。

（四）喷灌时间

灌水量与灌溉时间有关。喷灌时间是指为了达到既定的灌水定额,喷头所需的喷水时间。

（五）喷灌系统的用水量

整个喷灌系统需要的用水量数据,是确定给水管管径和水泵选择所必需的设计依据。在采用水泵供水时,用水量实际上就是水泵的流量。

（六）水头计算

水头是设计喷灌系统不可缺少的依据之一。喷灌系统中管径的确定、引水时对水压的要求以及对水泵的选择等,都离不开水头数据。

（七）喷头组合形式

喷头组合形式也称为布置形式,是指各喷头相对位置的安排。

根据灌水量、喷灌时间、系统用水量和水头等相关数据,通过查阅相关表格,选择合适的管径来布置灌溉系统的管网。喷灌机、水泵等一般需要设置专用泵房或建造地下构筑物用作泵房。

三、喷灌系统的设计步骤

（一）收集基本资料

收集喷灌区域的地形、土壤、水源、气象、能源和动力机械等相关资料，要求获得比例在 1：500 左右的地形图。

（二）喷头选型

1. 喷头的类型

按压力，喷头分为低压喷头、中压喷头、高压喷头。

按工作特点，喷头分为固定式喷头、旋转式喷头。

按安装特点，喷头分为地上式喷头和地下埋藏式喷头等。

2. 选型要点

小面积草坪或长条绿化带和不规划草坪选用低压喷头。体育场、高尔夫球场和大草坪选用中、高压喷头。选定喷压后其组合喷灌强度应不大于土壤入渗强度。一个工程尽量选用一种型号，或选用性能相近的喷头。

（三）喷头的组合布置

1. 喷头的排列方式

喷灌系统喷头的布置形式有矩形、正方形、正三角形和等腰三角形四种。在实际工作中采用什么样的喷头布置形式，主要取决于喷头的性能和拟灌溉地段的情况。喷头的不同组合布置形式与灌溉效果的关系见表 5-1。

2. 支管走向

在平地上，支管宜与场地边缘平行；在坡地上，支管宜沿等高线稍向下或与等高线垂直向下布置；支管控制阀设在路边为宜。

表 5-1　喷头的组合布置形式与灌溉效率的关系

布置形式	喷头组合图形	喷洒方式	喷头间距 L、支管间距 b 与射程 R 的关系	有效控制面积 S	适用情况
正方形		圆形	$L=b=1.42R$	$S=2R^2$	在风向改变频繁的地方效果较好

布置形式	喷头组合图形	喷洒方式	喷头间距 L、支管间距 b 与射程 R 的关系	有效控制面积 S	适用情况
正三角形		圆形	$L=1.73R$, $b=1.5R$	$S=2.6R^2$	在无风的情况下喷灌的均匀度最好
矩形		扇形	$L=R$, $b=1.73R$	$S=1.73R^2$	较正方形、正三角形布置形式节省管道
等腰三角形		扇形	$L=R$, $b=1.87R$	$S=1.865R^2$	较正方形、正三角形布置形式节省管道

3. 设计射程(有风时考虑)

设计射程 $R_{设}$ 与喷头射程 R 的关系为

$$R_{设} = KR$$

式中　K——折减系数,取 0.7~0.9(由风力大小决定)。

以设计射程为标准来画喷洒范围,使之全部为湿润状态。

(四)组合喷灌强度

组合喷灌强度应小于土壤最大允许喷灌强度(表5-2)。

表 5-2　不同土壤的最大允许喷灌强度

土壤类型	最大允许喷灌强度/(mm/h)	土壤类型	最大允许喷灌强度/(mm/h)
中砂、粗砂土	19~26	黏壤土	6~8
砂质壤土、细砂土	12~19	黏土	5~6
中壤土	8~12		

五、喷灌系统工程

(一)管沟开挖前的准备工作

（1）按照施工图和管道设计说明,测量管道中心线、槽边线;确定堆土范围和布置堆放器材场地。

（2）场地范围内的杂草、树木、石块等妨碍施工的障碍应清除干净,沟、坎、陡坡等处应予以平整,不影响施工。

(二)管沟开挖

（1）沟槽底部的宽度应保证管子和接头安装以及管道回填、夯实操作方便。

（2）坑挖好后不能进行下道工序,应预留 15~30 cm 土层,待下道工序开始前再挖至设计标高。

（3）若需要为特殊设备安装接头,则必须挖好接头工作坑。

（4）沟底平直,沟内无塌方、无积水、无杂物,转角符合设计要求。

（5）挖沟抛土后,堆土距沟槽边的距离不应小于 0.3 m,堆放高度不得高于 1.5 m。

(三)管道基础处理

（1）管道可铺在未经扰动的原土上,但不得铺在石块、木垫、砖垫或其他垫块上,如遇局部基础松软,应适当加固。

（2）基底为岩石、半岩石或卵石时,除设计有规定外,均应铺设厚度不小于 100 mm 的砂或砂砾垫层。

(四)管道下沟

（1）管道下沟工序统一指挥,下沟前需将管沟内塌方、石块清除。

（2）管道下沟应与管沟开挖紧密配合,原则上管沟开挖经检查合格后应立即下沟。

（3）管道必须放置在管沟中心,其左右误差不得大于 ±100 mm。

(五)PPR 管(无规共聚聚丙烯管)铺设

（1）埋设于土中的 PPR 管,铺设完毕后,管道周围均应用细土回填,其厚度不应小于 0.15 m。

（2）黏接时,应先将管口清理干净并干燥。热熔黏接牢固、严密、无孔隙。

(六)管道试压

（1）在管顶以上 0.5 m 范围内已回填土,但接口部分尚敞露时,进行初次试验。

（2）已全部回填土,并完成该段的各项工作后,进行末次试验。

（3）铺设后必须立即全部回填土或全部回填土后试压有困难的管道,施工中应加强对铺管、接口和回填土等工序的质量检查,此时可进行一次试验。

（4）管道试验时,应遵守下列要求

①管道敞口应事先用管堵或管帽堵严,并加临时支撑,不得用闸阀替代。

②试验前应将该管段内的闸阀打开。

③当管道内有压力时,严禁修整管道缺陷和紧固螺栓,检查管道时不得用手锤敲打管壁和接口。

④排除管道内的空气,灌满清水对管道进行浸润,浸润时间不小于 1 d。

⑤试压管段的长度不宜超过 1 km。

a. 对于水压试验的压力,PVC 管位工作压力加 0.2 MPa。

b. 试验时,先将管段内压力逐步升高到工作压力,检查管道和接口,如无渗漏再提高到试验压力观察 10 min,压力下降值不超过 0.005 MPa,即为合格;否则进行渗水量试验。

（七）回填

（1）沟回填前,施工单位代表与有关部门要共同对管道进行检查。

（2）管道在沟内不得有悬空现象,管沟内积水必须清除干净。

（3）管道埋深应符合设计要求,管顶标高需测量完毕,资料应齐全准确。

第六章　景观照明和供电工程

第一节　景观照明

一、景观照明方式的选择

为了使景观照明产生良好的效果,在对水景、花草树木和雕塑等景观选择照明方式时,应从艺术的角度加以考虑,将颜色、纹理、形状的每一个细微差别均表示出来。灯光照明的方式有很多,较为常用的包括安全照明、泛光照明、轮廓照明、上射照明、下射照明和月光照明等。

(一)安全照明

安全照明指的是为保证处于潜在危险中的人们的安全而提供的应急照明。安全照明可以采用不同的照明技术,例如园路照明可以采用装饰性照明(如树上的朦胧灯)或者特殊的行路照明(如在附近植物丛中的蘑菇灯)。

(二)泛光照明

泛光照明是一种可使室外的目标或者场地比周围环境明亮的照明,它是在夜晚投光照射建筑物外部的一种照明方式,并且是目前城市景观夜景照明中使用最多的一种照明方式。泛光照明的目的主要有两点:其一是保证安全或者夜间仍能继续工作,例如汽车停车场、货场等;其二是突出雕像、标牌或使建筑物在夜色中更明显。

泛光照明不但可以凸现建筑物的全貌,还可以将景物造型、立体感、饰面颜色和材料质感乃至装饰细部处理有效地表现出来。例如晚会场地的下射照明就是一种典型的泛光照明,目的是创造与白天尽量相同的光照条件,便于活动的进行。

城市的沿街商店,经常可看到招牌、广告标牌,这些都采用了泛光照明,但是选用灯具的亮度与周围环境的反差过大,角度安装不合理,以及许多标牌的表面采用镜面处理,这都会造成不舒适的眩光。因此,在进行标识系统的照明设计时,应考虑周围的照明环境,招牌的照度通常在 100~500 lx。若采用侧面照明,应考虑灯具的遮挡,使不需要的光尽量减少。在对建筑物的泛光照明中,基本上是将灯具由下向上照射,这样不太容易造成眩光。

(三)轮廓照明

轮廓照明是利用光源将照明对象本身的轮廓线突显出来,或者利用一组嵌入式灯具突出物体的轮廓。轮廓照明较适用于落叶树的照明,尤其是冬天,效果会更好。也就是说,让树木处于黑暗之中,而将树后的墙照亮,进而形成强烈的视觉对比效果。

(四)上射照明

上射照明指的是灯具将光线向上投射而照亮物体,可以用来为树木增添雕塑质感。上射灯比泛光灯更为柔和,多用于强调景物的效果,例如乔木、雕像、建筑的正面或墙面的照明。上射照明是树木补充照明的一种理想方式,可以增强不同照明个体之间的视觉连续性。上射照明灯一般固定在地面上或者安装在地面以下,但是安装在墙面、园林小品和枝条上的点射灯和水下照明灯也具有上射照明的功能。

(五)下射照明

下射照明所产生的光线区域呈伞形,光线也比较柔和,适用于人们进行室外活动的区域,例如庭院。安装在屋檐、露台或者树上的下射灯将光线洒向庭院,给人营造舒适的氛围。当然,也较适合于盛开的花朵的照明,因为绝大多数花朵都是向上开放的。安装在花架、墙面和乔木上的下射灯都可满足这一要求。

(六)月光照明

月光照明是室外空间照明中最自然的一种方式,即将灯具安装在树上合适的位置,一部分向下照射,用以产生斑驳的图案;另一部分向上照射,将树叶照亮。这样,就可产生月景斑驳的效果,好像满月的照明一样。例如,将灯具安装在树上,让朦胧的灯光将下部树枝和树叶的影子投射到地面上,树下的长椅就可形成斑驳的影子,进而创造出浪漫的气氛。

二、照明质量

良好的视觉效果不仅依靠充足的光通量,还对光照质量有一定的要求。

(一)合理的照度

照度是决定物体明亮程度的间接指标。在一定范围内,照度增加,视觉能力也相应提高。表 6-1 所示为各类设施一般照明的推荐照度。

表 6-1　各类设施一般照明的推荐照度

照明地点	推荐照度/lx	照明地点	推荐照度/lx
国际比赛足球场	1 000~1 500	更衣室、浴室	15~30
综合性体育正式比赛大厅	750~1 500	库房	10~20
足球场、游泳池、冰球室、乒乓球室、台球室	200~500	厕所、盥洗室、热水间、楼梯间、走道	5~20
篮球场、排球场、网球场、计算机房	150~300	广场	5~15
绘图室、打字室、字画商店、百货商场、设计室	100~200	大型停车场	3~10

续表

照明地点	推荐照度/lx	照明地点	推荐照度/lx
办公室、图书馆、阅览室、报告厅、会议室、展览厅	75~150	庭院道路	2~5
一般性商业建筑	50~100	住宅小区道路	0.2~1

(二)照明均匀度

游人置身景观环境中,如果存在彼此亮度不相同的表面,当视觉从一个面转到另一个面时,眼睛就会被迫经过一个适应过程。当适应过程经常反复时,就会导致视觉疲劳。在景观照明中,除力图满足景色的需要外,还要注意周围环境中的亮度分布应力求均匀。

(三)眩光限制

眩光是影响照明质量的主要因素。所谓眩光是指由亮度分布不当或亮度的变化幅度太大,或在短时间内相继出现的亮度相差过大所造成的,观看物体时感觉不适或视力降低的情况。为防止眩光产生,常采用如下方法:①注意照明灯具的悬挂高度;②合理安排照明光源的方向;③使用发光表面面积大、亮度低的灯具。

三、景观照明光源的确定和安装位置的选择

景观照明应该充分考虑灯光在不同距离、不同角度的观赏效果,应表现出各个项目在夜间的各自特色,同时不应破坏白天的景观效果,在安装的可靠性、维护的便捷性和运行的安全性上要进行充分考虑。经常见到这样一些不当案例:有的在亭台楼阁或者类似的建(构)筑物上面安装硕大的灯具和裸露的管线,将原有的美感几乎破坏殆尽;有的照明灯具的投射角度和安装位置不合理,增加了安装的难度,不便维护,甚至对人们的安全造成威胁;有的高空墙面上的支架锈蚀严重,幕墙玻璃外晃荡着管线……这些现象完全可以在确保灯光艺术效果的同时,通过设计层面的详细考虑来避免。此外,景观照明设计中,灯具样式的选择非常重要,应尽量做到见光不见灯。常用景观照明灯具包括泛光灯、埋地灯、嵌墙灯、草坪灯、庭院灯、水下灯、LED(发光二极管)灯、太阳能灯等。

(一)泛光灯

1. 泛光灯功率的确定

用于照射桥梁的大型泛光灯,功率可以达到2 000 W;用于照射古建檐口、瓦当的LED(发光二极管)泛光灯,直径为36 mm左右,功率为1 W。

2. 泛光灯的组成

多数的光源都可以用于泛光照明,例如紧凑型荧光灯、高压钠灯、金属卤化物灯(简称金卤灯)、LED灯等。泛光灯通常由下列部件组成:灯体、电器箱盖板、玻璃、支架、玻璃固定件、螺栓螺钉、发射器、附件框。通过增加防眩光格栅、反光板、遮光罩和色片等附件,可有效地控制出光;也可以增加保护网,防止玻璃受到撞击。

3. 泛光灯的应用

（1）大范围景物：用于照射广场、运动场地、草坪和树丛等大范围景物的宽光束泛光灯，多是方形出光口。玻璃框同灯体轴挂在一起，松开固定卡件，就可以打开前窗，更换光源。

（2）远距离照射：用于远距离照射的窄光束泛光灯，多是圆形出光口。通过安装不同类型的反射器和折射器，可产生窄配光、中配光、宽配光的出光形式，中、宽配光可是对称型或者非对称型。此类泛光灯多在支架上配有瞄准器，以便于瞄准投光目标。

（3）局部照明：用于局部照明的小型泛光灯，可细致刻画景观元素。以为仿古建筑研发的 LED 泛光灯为例，可实现逐个照亮每块瓦砾以及每个椽头，达到均匀的照明效果；因其体形仅有 1~2 cm，安装简便，对建筑的破坏性小，在白天不易被察觉，所以具有广阔的应用前景。

4. 泛光灯的安装方式

泛光灯可以安装在树干、枝条墙上或者栅栏上，搁置于屋顶上或者悬垂于屋顶下。设计时应考虑：①泛光灯具的具体安装方式；②电线如何隐蔽；③电源如何到达灯具所在位置。

当安装于树干上时，灯具应尽可能小，应考虑灯具色彩与树干色彩的匹配度，电线可藏于树皮裂缝之中。应尽量减轻电气附件对树的伤害，且应易于维护。固定装置应是防紫外线的，最好的连接件是不锈钢钉，同螺钉比起来，它对树的伤害会更小。在新建构筑物中，电线可隐藏在尚未施工完成的框架体系之中；在原有构筑物中，电线应尽可能隐蔽。另外需要指出的是，泛光灯的电源有市电及低压之分，在公园绿地安装的小型泛光灯宜采用低压电源，低压布线可提高安全性，降低对人的危害。

（二）埋地灯

部分埋地灯是用于泛光照明的大型灯具，配有反射罩，可以调节出光方向，配备各种可以替换的彩色滤光镜和格栅，可以提供多种照明效果，满足不同的应用需求。一些属于小型投光灯具，光源是卤钨灯、金卤灯或者节能灯，可用于照射墙壁、雕塑、灌木、树木、花篱、地面等。另外一些起装饰和警示作用，灯具体型小巧，平面造型各异，光源以 LED 等小型冷光源为主，灯具表面温度低，可用于广场铺地，起引导作用，也可以用于水边等有高差的位置，起到边界警示的作用。

埋地灯应有很高的防护等级，通常要求达到 IP（国际防护）67 的防水等级；应有很高的抗撞击强度；因为裸露在地面上，还应有很高的耐压强度，负重要达到 1 000~5 000 kg；玻璃表面温度应低于 75 ℃；埋地灯的棱镜材料还应具有良好的抗紫外线性能。

埋地灯的缺陷是调节角度的能力较差。一般的可调节范围是 0°~15°，部分新产品可调节至 35°。通常情况下，可调角度越大就意味着光源离灯具上部越近，对灯具的亮度进行遮蔽就越困难。埋地灯最适用于硬质路面、木板、草坪等工作环境。若埋地灯周围无落叶覆盖，无蔓爬类植物，无低矮灌木，将具有良好的工作效果。

（三）嵌墙灯

嵌墙灯由灯体、预埋件、光源三部分组成，其外观为方形或者圆形，光源多为白炽灯、钠灯、金卤灯以及节能灯。相对埋地灯而言，嵌墙灯对防水、抗压等要求较低，因而具有更多的形式和更高的灵活性,适用于走廊、通道、阶梯、庭园等。为了提高光效,防止对行人造成眩光干扰,嵌墙灯常常配备防眩光格栅。部分嵌墙灯采用间接的照明方式,光线直接射到地面,将杂散光最小化,进而提高照明效率。

(四)草坪灯

草坪灯指的是高度在 1.2 m 以下,为草坪或者园路提供照明的灯具,草坪灯的尺寸更小,表现得更为人性化。草坪灯应用于人行道,既必要又方便,可大大提高安全程度。

(五)庭院灯

庭院灯指的是灯体在灯杆柱顶安装或者柱侧吊装的灯具,高度一般为 2~6 m。庭院灯通常具有坚固的结构和较大的尺寸,可以在恶劣的环境中使用。庭院灯的光源包括白炽灯、紧凑型荧光灯、钠灯、金卤灯等。庭院灯在景观照明中的应用非常广泛,适用于广场、公园、住宅小区等户外开放空间。

(六)水下灯

水下灯通常称水下泛光灯,其一部分是可调节的,因而在性能和构造上与普通的泛光灯不同。由于安置在水中,灯具应该具有很高的防水性能、绝缘性能以及防腐蚀性能。水下灯可用来投照喷泉、池岸以及水中构筑物,体型通常较小,可以附加各种颜色的滤色片,形成五彩斑斓的水景。部分浅水和小型喷泉使用 LED 光源即可,LED 本身有很多色彩可供选择。

(七)LED灯

LED 灯具的灯泡体积小、重量轻,且以环氧树脂封装,不但能够承受高强度的机械冲击和震动,不容易破碎,而且亮度衰减周期长,所以其使用寿命长达 50 000~100 000 h,远超传统钨丝灯泡和荧光灯管。由于 LED 灯具的使用年限可以达到 5~10 年,所以不仅可以大幅降低灯具替换的成本,又因其具有极小的电流就可驱动发光的特质,在同样照明效果的情况下,耗电量仅为荧光灯具的二分之一,故 LED 灯同时拥有省电与节能的优点。

传统灯具光源多有玻璃泡壳,而 LED 灯却没有。正因如此, LED 灯可以与城市街道很好地有机结合。它可以在城市的休闲空间如路径、楼梯、滨水地带等处进行照明。花卉或者低矮的灌木也可以使用 LED 灯作为光源进行照明。LED 隐藏式的投光灯具备受青睐。固定端可设计为插拔式,以方便根据植物生长的高度进行调节。

(八)太阳能灯

太阳能灯是通过太阳能电池板将太阳能转换为电能的一种灯具。太阳能灯可以广泛用于草地、广场、公园等场合的点缀装饰。太阳能灯的灯罩连接底托,电池板放置在电池盒上,内置于灯罩内,而电池盒则安装在底托上,发光二极管安装在电池板上,太阳能电池板采用导线连接可充蓄电池以及控制电路。

太阳能灯无外接电源线,使用安装方便,外形美观;由于发光二极管置于底托内,发光后整个灯体都会被照亮,光感效果更佳;所有的电气元件均内置,具有很好的实用性。太阳能灯有蛇形灯、板型灯、按摩灯等多种。

四、照明新技术

（1）光纤照明技术：在夜景照明工程中使用光纤传光的照明技术。

（2）导光管照明技术：在夜景照明工程中使用导光管传光的照明技术。

（3）硫灯应用技术：在夜景照明工程与导光管配套使用硫灯的技术。

（4）激光技术：在重大节日庆典、水幕电影或地标性建（构）筑物的夜景工程中应和激光来渲染气氛、形成动画或标识城市方位的景观照明技术。

（5）发光二极管照明技术：在夜景照明工程中应用发光二极管作为装饰等的照明技术。

（6）电致发光带照明技术：在夜景工程中利用电致发光带（也称场致发光带）作为装饰的照明技术。

第二节　景观照明供配电系统

一、景观照明供配电系统概述

（一）负荷分级及供电要求

根据《供配电系统设计规范》（GB 50052—2009）的有关规定，电力负荷应根据对供电可靠性的要求及中断供电在对人身安全、经济损失上所造成的影响程度进行分级，并要符合下列规定。

（1）符合下列情况之一，则为一级负荷。

第一，中断供电将会造成人身伤亡。

第二，中断供电将会在政治、经济上造成重大损失，如重大设备损坏、重大产品报废、用重要原料生产的产品大量报废以及国民经济中重点企业的连续生产过程被打乱需要长时间才可恢复等。

第三，中断供电将会影响有重大政治、经济意义的用电单位的正常工作，如重要交通枢纽、重要通信枢纽、大型体育场馆、重要宾馆、经常用于国际活动的大量人员集中的公共场所等用电单位中的重要电力负荷。

在一级负荷中，若中断供电将发生中毒、爆炸和火灾等情况的负荷，以及特别重要场所的不允许中断供电的负荷，要视为特别重要的负荷。

（2）符合下列情况之一，则为二级负荷。

第一，中断供电将会在政治、经济上造成较大损失，如主要设备损坏、大量产品报废、连续生产过程被打乱需较长时间才可恢复、重点企业大量减产等。

第二，中断供电将会影响重要用电单位的正常工作，如交通枢纽、通信枢纽等用电单位中的重要电力负荷,以及中断供电将会造成大型影剧院、大型商场等较多人员集中的重要的公共场所秩序混乱。

（3）不属于一级和二级负荷者则为三级负荷。

（二）电源与电压的选择

光源电压通常情况下是交流 220 V,少数情况下是交流 380 V,水下场所可以采用交流 12 V 光源。景观的供电范围非常广泛,规模大小不一,用电量并没有规律可循,根据实际情况,电源可以采用 220 V 或 380 V 电压等级供电,也可以采用 10 kV 电压等级供电。当采用 220 V 或 380 V 电压等级供电时,则该电源通常取自景观照明场所内建筑物或者构筑物内变电所的低压回路,此时要求景观照明用电是单独的专用回路。若景观范围较大、用电比较分散,则推荐采用 10 kV 电压等级供电,可以在不同区域设置与环境相协调的箱式变电站。10 kV 环网供电,不但提高了供电可靠性,而且还容易满足光源对电压质量的要求。

对室外潮湿的场所(如游泳池、喷水池),其电源和电压与一般场所是有所区别的。在游泳池内人体会浸入水内,其阻抗大幅度下降,所以要求游泳池内电气设备和线路电压不得超过 12 V,因此游泳池水下照明装置采用 12 V 电压等级。对喷水池,因为池内潜水泵和水下照明灯具功率比较大,正常情况下人是不进入喷水池内的,所以喷水池可采用 220 V 或 380 V 电压等级供电。若池内电气设备或线路绝缘损坏,水下可能出现危险的电位梯度从而引起人身电击事故,所以在电源未切断前人体是不允许进入池内的。喷水池通常处于人员密集场所,不懂电气安全知识的人误入池内或者池边人员不慎坠入池内均有可能发生,进而会引起电击事故,为此对喷水池应采取专门的安全措施。

（三）电压质量

1.电压偏移

在正常的情况下,照明器的端电压偏差的允许值(以额定电压的百分数表示)应符合以下要求:

①一般工作场所为 ±5%;

②露天工作场所、远离变电所的小面积的一般工作场所很难满足 ±5%时,可以是 +5%、-10%;

③应急照明、道路照明和警卫照明为+5%、-10%。

照明器的端电压不应过高和过低,电压过高,则会缩短光源寿命,电压低于额定值,又会使光通量下降,照度降低,当气体放电灯的端电压低于额定电压的 90%时,则有可能不能可靠地工作。若电压偏移在-10%以内,长时间不能改善时,则计算照度时须考虑因电压不足而减少的光通量,光通量降低的百分数见表 6-2。

表 6-2　电压在 90%~100%额定电压范围内每下降 1%时光通量的降低百分数

灯具	白炽灯	卤钨灯	荧光灯	高压泵灯	高压钠灯	金卤灯
降低百分数/%	3.3	3.0	2.2	2.9	3.7	2.8

如果采用金卤灯照明,端电压是额定电压的 90%,则该金卤灯实际光通量是原光通量

的 72%。

2. 波动与闪变

电压波动指的是电压的快速变化,而不是单方向的偏移,冲击性功率负荷会引起连续电压变动或电压幅值包络线周期性变动,变化速度不低于 0.2%/s 的电压变化是电压波动。

闪变指的是照度波动的影响,是人眼对于灯闪的生理感觉。闪变电压是冲击性功率负荷造成的供配电系统的波动频率大于 0.01 Hz 的闪变的电压波动,闪变电压限值即引起闪变刺激的电压波动值。人眼对于波动频率为 10 Hz 的电压波动最为敏感。

对于园林景观照明而言,冲击性功率负荷不多,主要应注意的是电压偏移的影响。

(四)配电系统接地形式

室外照明灯具安装于户外,通常不具备等电位联结的条件,还会承受种种不利的气候影响,例如风吹、日晒、雨淋等,这样很容易使灯具受机械损伤和绝缘下降而导致事故发生。照明灯具暴露于公众场所,又没有等电位联结,增大了电击的危险性。若采用 TN(接零保护)系统供电,由于所有灯具的金属外壳均是通过 PE(保护导体)线或者 PEN(保护接地中性导体)线互相连接的,当某台灯具发生接地故障时,其故障电压可以沿 PE 线或者 PEN 线传至其他灯具上。在户外因无等电位联结很容易导致电击危险,所以不得采用 TN 系统而要采用 TT(接地保护)系统。为此需要为户外灯具专门设置接地极引出单独的 PE 线接灯具的金属外壳,以防止 PE 线引起别处的故障电压。此时,还须为电源线路装设漏电保护器用作接地故障保护,额定漏电动作电流不应大于 100 mA。但是对于固定在建筑物外或者安装于建筑物屋顶、平台上并且直接由该建筑物内部电源供电的照明装置,其具备等电位联结条件,每个灯具设单独的接地极也是不可能的,可采用 TN-S(中性导体与保护导体分开的接地保护)系统供电,仍应采用漏电保护器用作接地故障保护,额定漏电动作电流不得大于 100 mA,根据具体情况,可以作用于报警或者跳闸。

二、施工现场临时电源设施的安装与维护

在现场施工时,为了确保施工现场工作人员的生活以及工作能够顺利进行,需要用电作为动力源。所以,在施工现场须配备临时用电设施。

(一)施工现场的低压配电线路

施工现场的低压配电线路,大多数是三相四线制供电,可以提供 380 V 和 220 V 两种电压,供不同负荷选用,同时也便于变压器中性点的工作接地,用电设备的保护接零和重复接地,有利于安全用电。

施工现场的低压配电线路,通常采用架空敷设,基本要求如下。

(1)电杆须完好无损,不应有倾斜、下沉和杆基积水等现象。

(2)不应架设裸导线。线路与施工建筑物的水平距离不应小于 10 m,与地面的垂直距离不应小于 6 m,跨越建筑物时与其顶部的垂直距离不应小于 2.5 m。

(3)各种绝缘导线均不应成束架空敷设。没有条件做架空线路的工程地段,要采用护

套电缆线。

（4）配电线路禁止敷设在树上或者沿地面明敷设。埋地敷设一定要穿管。

（5）建筑施工用的垂直配电线路，须采用护套缆线，每层应不少于在两处固定。

（6）暂时停用的线路要及时切断电源，竣工后随即拆除。

（二）配电箱的安装

配电箱是为现场施工临时用电的设备（例如动力、照明和电焊等设备）而设置的电源设施。凡是用电的场所，不论负荷大小，均须按照用电情况安装适宜的配电箱。

动力和照明用的配电箱须分别设置。箱内一定要装设零线端子板。

施工现场用的配电箱通常结构简单，盘面以整齐、安全、维修方便和美观为原则。可以不装测量仪表。

配电箱的箱体可以是木制的，在现场可以就地制作。也有成型的产品可供使用，例如专供动力设备用的 XL 系列，供照明和小型动力设备用的 XM 系列，还有 A 型暗设插座箱和 M 型明设插座箱等。

配电箱可立放在地上，也可以挂在墙上、柱上，应具备防雨、防水的功能，室内外都可以使用，箱体外应涂防腐油。放置地点既要使用方便，还应较为隐蔽。箱体须有接地线并设有明显的标记。

（三）照明设备的安装

施工现场常用的电光源包括白炽灯、荧光灯、卤钨灯、荧光高压汞灯和高压钠灯。不同的电光源配备有不同的灯具，可以根据对照明的要求和使用的环境进行选择。

在正常的情况下，一般施工的场所要采用敞露式照明灯具，以获取较高的光效率；在潮湿场所可以选用防潮的瓷灯头，并且将其引入线用绝缘套管套装，从两侧引入，也可以使用低电压的安全灯；在易遭碰击的场所，须使用带罩网的灯具；在沟道内、容器内，照明要采用36 V 及以下电压的安全灯；道路、庭院、广场的照明应使用安全、防爆型投光灯。

具体安装要求如下。

（1）线路。施工现场的照明线路，除了护套缆线之外，要分开设置或者穿管敷设；便携式局部照明灯具用的导线，应使用橡胶套软线，接地线或者接零线要在同一护套内。

（2）灯具。灯具距地面不得低于 2.5 m；投光灯、碘钨灯与易燃物要保持安全距离；流动性碘钨灯采用金属支架安装时要保持稳固并且采取接地或者接零保护。

（3）安全性。每个照明回路的灯和插座数不得超过 25 个，并且要有 15 A 以下的熔丝保护。

（4）接零线。螺口灯头的中心触点要接相线（火线），螺纹接零线。

（5）防水。每套路灯的相线上须装熔断器，线路入灯具处要做防水弯。

（6）电源接线时要注意使三相电源尽量对称。

（四）电气设备的选择和安装

露天使用的电气设备，要采取妥善的防雨措施，使用前要测绝缘，合格后才可使用。

每台电动机均须装设控制和保护设备，不应用一个开关同时控制两台及以上的电气设备。

电焊机一次电源线应采用橡胶套电缆，长度通常不得大于 3 m。露天使用的电焊机要有防潮措施,机下用干燥物件垫起,机上设防雨罩。

施工现场移动式用电设备以及手持式电动工具,一定要装设漏电保护装置,而且应定期检查,以保持其动作灵敏可靠。其电源线一定要使用三芯(单相)或者四芯(三相)橡胶套电缆;接线时,护套须进入设备的接线盒并且固定。

电气设备至少须有 IP33 的防护等级,这可通过在结构设计或者安装上采取措施来达到。在某些情况下,由于操作或者清扫的要求,可能要求更高的防护等级。

在环境污染可不予考虑的场所,例如居住区和郊区,且照明器在 2.5 m 以上时,照明器的防护等级可要求为 IP23。

照明器的结构和安全要求由 GB/T 7000 系列标准规定。

室外照明供电电缆布线用的管、标志带或者电缆盖砖,为了便于辨认,要有适当的颜色或者标记,以区别于其他用途的电缆。

正常使用时的电压降要和灯具的启动电流条件相适应。

第三节　景观供电设计

一、景观供电设计内容及程序

景观供电设计与景观规划、景观建筑、给排水等设计紧密相连,因而供电设计应与景观照明用电设计密切配合,以构成合理的布局。

(一)设计内容

(1)确定各种景观设施中的用电量,选择变压器的数量和容量。

(2)确定电源供给点(或变压器的安装地点),进行供电线路的配置。

(3)进行配电导线截面的计算。

(4)绘制电力供电系统图、平面图。

(二)设计程序

在进行具体设计以前,应收集以下资料。

(1)甲方对照明的要求,景观工程内各建筑、用电设备、给排水、暖通等平面布置图和主要剖面图,并附有各用电设备的名称、额定容量(kW)、额定电压(V)、周围环境(潮湿、灰尘)等。这些是设计的重要基础资料,也是进行负荷计算和选择导线、开关设备以及变压器的依据。

(2)各层用电设备和用电点对供电能力、供电可靠性的要求。

(3)供电局同意供给的电源容量、电源情况。

(4)供电电源的电压、供电方式(架空线或电缆线,专用线或非专用线)、进入公园或绿地的方向和具体位置、从何处引进、引进方式等。

(5)当地电价和电费收取方法。

（6）向气象、地质部门了解是否属于雷击区和土壤状况等资料。

二、用电量的估算

景观用电分为动力用电和照明用电，即

$$S_{总} = S_{动} + S_{照} \tag{6-1}$$

式中　　$S_{总}$——用电计算总容量；

　　　　$S_{动}$——动力用电计算总容量；

　　　　$S_{照}$——照明用电计算总容量。

三、变压器的选择

在一般情况下，照明供电和动力负荷可共用同一台变压器。选择变压器时，应根据景观的总用电量的估算值和当地高压供电的线电压值来进行。在确定变压器的容量和台数时，要依据供电的可靠性和技术经济的合理性综合考虑，具体原则如下。

（1）变压器的总容量（额定容量）必须大于或等于该变电所的用电设备的总计算负荷，即

$$S_{额} \geqslant S_{计算} \tag{6-2}$$

式中　　$S_{额}$——变压器额定容量；

　　　　$S_{计算}$——用电设备的总计算负荷。

（2）一般变电所只选用1~2台变压器，且其单台容量一般不应超过1 000 kVA，尽量以750 kVA为宜。这样可使变压器接近负荷中心。

（3）当动力负荷和照明供电共用一台变压器时，若动力严重影响照明质量，可考虑单独设一照明用变压器。

（4）在变压器类型方面，供一般场合使用时，可选用节能型铝芯变压器。

（5）公园绿地考虑变压器的进出线时，为不破坏景观和危害游人安全，应选用电缆，以直埋的方式敷设。

四、供电线路导线截面的选择

公园绿地的供电线路应尽量选用电缆线。市区内一般的高压供电线路均采用10 kV。高压输电线一般采用架空敷设方式，但在景观绿地附近应要求采用直埋电缆敷设方式。电线截面选择的合理性直接影响有色金属的消耗量和线路投资以及供电系统的安全经济运行，因而在一般情况下，可采用铝芯线，在要求较高的场合下，则采用铜芯线。

电缆、导线截面的选择可以按以下原则进行。

（1）按线路工作电流和导线型号，查导线的允许载流量表，使所选的导线发热不超过线芯所允许的强度。因而，应使所选的导线截面的载流量大于或等于工作电流，即

$$I_{载} \geqslant KI_{工作} \tag{6-3}$$

式中　$I_{载}$——导线、电缆按发热条件允许的长期工作电流，A，可查有关手册获得；

　　　$I_{工作}$——线路计算电流；

　　　K——考虑到空气温度、土壤温度、安装敷设等情况的校正系数。

（2）所选用导线的截面应大于或等于机械强度允许的最小导线截面。

（3）验算线路的电压偏移，要求线路末端负载的电压不低于其额定电压的允许偏移值，一般工作场所的照明允许电压偏移相对值为5%，道路、广场的照明允许电压偏移相对值为10%，一般动力设备的照明允许电压偏移相对值为5%

五、配电线路的布置

（一）确定电源供给点

公园绿地的电力来源，常见的有以下几种。

（1）借用就近现有变压器，但必须注意该变压器的多余容量须能满足新增景观绿地中各用电设施的需要，且变压器的安装地点与公园绿地用电中心之间的距离不宜太长。中小型公园绿地的电源供给常采用此法。

（2）利用附近的高压电力网，向供电局申请安装供电变压器，一般用电量较大（70 kW以上）的公园绿地最好采用此种方式供电。

（3）如果公园绿地（特别是风景点、区）离现有电源太远或当地电源供电能力不足时，可自行设立小发电站或发电机组以满足需要。一般情况下，当公园绿地独立设置变压器时，须向供电局申请安装变压器。在选择地点时，应尽量靠近高压电源，以减少高压进线的长度。同时，应尽量设在负荷中心。

（二）配电线路布置

1. 线路布置形式

为用户配电主要是通过配电变压器降低电压后，再通过一定的低压配电线路输送到用户设备上。到达用户设备之前的低压配电线路的布置形式如图 6-1 所示。

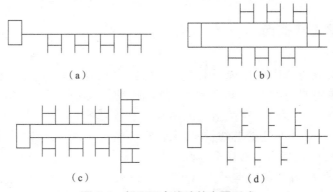

（a）　　　　　　　　　　　（b）

（c）　　　　　　　　　　　（d）

图 6-1　低压配电线路的布置形式

（a）链式线路　（b）环式线路　（c）放射式线路　（d）树干式线路

（1）链式线路。从配电变压器引出的 380 V/220 V 低压配电主干线,顺序地连接起几个用户配电箱,其线路布置如同链条状,这种布置形式称为链式线路。这种线路布置形式适宜在配电箱设备不超过 5 个的较短的配电干线上采用。

（2）环式线路。通过从变压器引出的配电主干线,将若干用户的配电箱顺序地联系起来,而主干线的末端返回变压器,这种线路构成了一个闭合的环,称为环式线路。环式线路中任何一段线路发生故障,都不会造成整个配电系统断电。这种形式的供电可靠性比较高,但线路、设备投资也相应高一些。

（3）放射式线路。由变压器的低压端引出低压主干线至各个主配电箱,再由每个主配电箱各引出若干条支干线,连接到各个分配电箱,最后由每个分配电箱引出若干小支线,与用户配电板和用电设备连接起来,称为放射式线路。这种线路分布是呈三级放射状的,供电可靠性高,但线路和开关设备等投资较大,所以较适合用电要求比较严格、用电量也比较大的用户地区。

（4）树干式线路。从变压器引出主干线,再从主干线上引出若干条支干线,从每一条支干线上再分出若干支线与用户设备相连,称为树干式线路。这种线路呈树木分枝状,减少了许多配电箱和开关设备,因此投资比较少。但是,若主干线出故障,则整个配电线路不能通电,所以这种形式的供电可靠性不太高。

（5）混合式线路。采用上述两种以上形式进行线路布局,混合几种布置形式优点的线路系统称为混合式线路。例如,在一个低压配电系统中,对一部分用电要求较高的负荷,采用局部放射式或环式线路,对另一部分用电要求不高的用户,则可采用局部树干式线路。整个线路就构成了混合式线路。

公园绿地布置配电线路时,应注意全面统筹安排考虑,主要是:经济合理;使用、维修方便;不影响景观;供电点与用电点尽量取近,走直路,并尽量敷设在道路一侧,但不要影响周围建筑与景色和交通;地势越平坦越好,尽量避开积水和水淹地区,避开山洪或潮水起落地带。

在各具体用电点,要考虑到将来发展的需要,留足接头和插口,尽量经过能开展活动的地段,对于用电问题,应在公园绿地平面设计时做好全面安排。

2. 线路敷设形式

线路敷设形式可分为两大类:架空线和地下电缆。架空线工程简单,投资费用少,易于检修,但影响景观,妨碍种植,安全性差。地下电缆的优缺点与架空线相反。目前在公园绿地中都尽量采用地下电缆,尽管它一次性投资大些,但从长远角度和发挥景观功能的角度出发,还是经济合理的,架空线仅常用于电源进线侧或在绿地周边不影响景观处,而在公园绿地内部大多采用地下电缆。当然,最终采用什么样的线路敷设形式,应根据具体条件,进行技术经济评估之后才能确定。

3. 线路组成

（1）对于一些大型公园、游乐场、风景区等,其用电负荷大,常需要独立设置变电所,其主接线可根据其变压器的容量进行选择,具体设计应由电力部门的专业电气人员设计。

（2）变压器（干线供电系统）。对于变压器已选定或在附近有现成变压器可用时,其供电方式常有以下五种。

①在大型景观和风景区中,常在负荷中心附近设置独立的变压器、变电所,但对于中、小型景观而言,常常无须设置单独的变压器,而是由附近的变电所、变压器通过低压配电盘直接由一路或几路电缆供给,当低压供电采用放射式系统时,照明供电线可由低压配电屏引出。

②对于中、小型景观,常在进园电源的首端设置干线配电板,并配备进线开关、电能表以及各出线支路,以控制全园用电。动力、照明电源一般单独设回路。仅对于远离电源的单独小型建筑物才考虑照明和动力合用供电线路。

③在低压配电屏的每条回路供电干线上所连接的照明配电箱,一般不超过3个,每个用电点(如建筑物)进线处应装刀开关和熔断器。

④一般园内道路照明开关可设在警卫室等处,道路照明除各回路有保护外,灯具也可单独加熔断器进行保护。

⑤大型游乐场的一些动力设施应有专门的动力供电线路,并有相应的措施保证安全、可靠供电,以保证游人的生命安全。

(3)照明网络。照明网络一般采用380 V/220 V中性点接地的三相四线制系统,灯用电压为220 V。为了便于检修,每回路供电干线上连接的照明配电箱一般不超过3个,室外干线向各建筑物等供电时不受此限制。室内照明支线每一单相回路一般采用不大于15 A的熔断器或自动空气开关保护,对于安装大功率灯泡的回路允许增大到20~30 A。

每一个单相回路所接灯头数(包括插座)一般不超过25个,当采用多管荧光灯具时,允许增大到50根灯管。照明网络零线(中性线)上不允许装设熔断器,但在办公室及其他环境正常场所,当电气设备无接零要求时,其单相回路零线上宜装设熔断器。

一般配电箱的安装高度为中心距地面1.5 m。若控制照明不在配电箱内进行,则配电箱的安装高度可以提高到2 m以上。

拉线开关安装高度一般距地2~3 m或者距顶棚0.3 m,其他各种照明开关安装高度宜为1.3~1.5 m。

一般室内暗装的插座,安装高度为0.3~0.5 m(安全型)或1.3~1.8 m(普通型);明装插座安装高度为1.3~1.8 m,低于1.3 m时应采用安全插座。潮湿场所的插座,安装高度距地面不应低于1.5 m,儿童活动场所(如住宅、托儿所、幼儿园和小学)的插座,安装高度距地面不应低于1.8 m(安全型插座例外),同一场所安装的插座高度应尽量一致。

第七章　假山工程

第一节　假山施工技术要求

景观工程的施工区别于其他工程的最大特点就是技艺并重,施工的过程也是再创造的过程,最为典型的就是假山的施工。在大中型的假山工程中,一方面要根据假山设计图进行定点放线和随时控制假山各部分的立面形象和尺寸关系,另一方面还要根据所选用石材的形状、皴纹特点,在细部的造型和技术处理上有所创造,有所发展。

一、一般规定

(1)施工前应由设计单位提供完整的假山叠石工程施工图和必要的文字说明,进行设计交底。

(2)施工人员必须熟悉设计,明确要求,必要时应根据需要制作一定比例的假山模型小样,并审定确认。

(3)根据设计构思和造景要求对山石的质地、纹理、石色进行挑选,山石的块径、大小、色泽应符合设计要求和叠山需要。湖石形态宜"瘦、漏、透、皱",其他种类山石形态宜"平、正、角、皱"。各种山石必须坚实,无损伤、裂痕,表面无剥落。特殊用途的山石可用墨笔编号标记。

(4)山石在装运过程中,应轻装、轻卸,有特殊用途的山石要用草包、木板围绑保护,防止磕碰损坏。

二、山石质量要求

(1)假山叠石工程常用的自然山石,如太湖石、黄石、英石、斧劈石、石笋石及其他各类山石的块面、大小、色泽应符合设计要求。

(2)孤赏石、峰石的造型和姿态,必须达到设计构思和艺术要求。

(3)施工前,应先进行选石,对山石的质地、纹理、石色按同类集中的原则进行清理、挑选、堆放,不宜混用。选用的假山石必须坚实、无损伤、无裂痕,表面无剥落。

(4)施工前,必须对施工现场的假山石进行清洗,除去山石表面积土、尘埃和杂物。

三、山石的运输与装卸

（1）假山石在装运过程中，应轻装、轻卸。

（2）特殊用途的假山石，如孤赏石、峰石、斧劈石、石笋石等，要轻吊、轻卸；在运输时，应用草包、草绳绑扎，防止损坏。

（3）假山石运到施工现场后，应进行检查，凡有损伤或裂缝的假山石不得用作面掌石。

（4）假山施工安全要求如下。

①操作前对施工人员应进行安全技术交底，增强自我保护意识，严格执行安全操作规程。

②施工人员应按规定着装，穿戴劳动保护用品，穿胶底钢包头皮鞋。

③山石吊装前应认真检查机具吊索、绑扎位置、绳扣、卡子，发现隐患立即更换。

④山石吊装应由有经验的人员操作，并在起吊前进行试吊，五级风以上和雨中禁止吊装。

⑤垫刹石时，应由起重机械带钩操作，脱钩前必须对山石的稳定性进行检查，松动的刹石必须背紧背牢。

⑥山石打刹垫稳后，严禁撬移、撞击刹石，已安装好但尚未灌浆填实或未达到70%强度前的半成品，严禁任何非操作人员攀登。

⑦高度6 m以上的假山，应分层施工，避免由于荷载过大造成事故。

⑧脚手架和垂直运输设备的搭设，应符合有关规范要求。

第二节　假山施工工序

假山的施工过程一般包括准备、定位与放线、挖槽、立基、拉底、起脚、做脚等。

一、准备

（一）石料的选购

根据假山设计意图和设计方案所确定的石材种类，需要到山石的产地进行选购。在产地现场，通常需根据其提供的石料的质量、大小、形态等，设想出这些石料可用于假山的何种部位，并要通盘考虑山石的形状与用量。

石料有新、旧、半新半旧之分。采自山坡的石料，由于暴露于地面，经长期的风吹、日晒、雨淋，自然风化程度深，属旧石，用来叠石造山，易取得古朴、自然的良好效果。从土中挖出的石料（新石），需经长期风化剥蚀后，才能达到旧石的效果。有的石头一半露于地面，一半埋于地下，为半新半旧之石。应尽量选购旧石，少用半新半旧之石，避免使用新石。

1. 选石的步骤

首先，需要选到主峰或孤立小山峰的峰顶石、悬崖崖头石、山洞洞口用石，选到后分别做上记号，以备施工时使用。

其次，要接着选留假山山体向前凸出部位的用石、山前山旁显著位置上的用石以及土山山坡上的石景用石等。

第三，应将一些重要的结构用石选好，如长而弯曲的洞顶梁用石、拱券式结构所用的券石、洞柱用石、峰底承重用石、斜立式小峰用石等。

第四，其他部位的用石在叠石造山施工中可随用随选，用一块选一块。

总之，山石选择的步骤应当是：先头部后底部、先表面后里面、先正面后背面、先大处后细部、先特征点后一般区域、先洞口后洞中、先竖立部分后平放部分。

2. 山石尺度的选择

在同一批运到的山石材料中，石块有大有小，有长有短，有宽有窄，在叠山选石过程中要分别对待。

假山施工开始时，对于主山前面比较显眼位置上的小山峰，要根据设计高度选用适宜的山石，一般应当尽量选用大石，以削弱山石拼合峰体时的琐碎感。在山体上的凸出部位或是容易引起视觉注意的部位，也最好选用大石，而假山山体中段或山体内部以及山洞洞墙所用的山石，则可小一些。

大块的山石中，敦实、平稳、坚韧的可用作山脚的底石；而石形变异大、石面皴纹丰富的山石则可以用于山顶作为压顶的石头；较小的、形状比较平淡而皴纹较好的山石，一般应该用在假山山体中段。

山洞的盖顶石和平顶悬崖的压顶石，应采用宽而稍薄的山石；层叠式洞柱的用石或石柱垫脚石，可选矮墩状山石；竖立式洞柱、竖立式结构的山体表面用石，最好选用长条石，特别是需要在山体表面做竖向沟槽和棱柱线条时，更要选用长条石。

3. 石形的选择

除了用作石景的单峰石外，并不是每块山石都要具有独立而完整的形态。在选择山石的形状时，挑选的根据应是山石在结构方面的作用和石形对山形样貌的影响情况。从假山自下而上的构造来分，可以分为底层、中腰和收顶三部分，这三部分在选择石形方面有不同的要求。

1）底层部分

假山的底层山石位于基础之上，若有桩基则在桩基盖顶石之上。这一层山石对石形的要求主要是应为顽夯、敦实的形状。应选一些块大而形状高低不一的山石，具有粗犷的形态和简洁的皴纹，可以适应在山底承重和满足山脚造型的需要。

2）中腰部分

中腰层山石在视线以下者，即地面上 1.5 m 高度以内的，其单个山石的形状也不必特别好，只要能够用来与其他山石组合造出粗犷的沟槽线条即可。石块体量无须很大，一般的中小山石相互搭配使用就可以了。在距地面 1.5 m 以上的山腰部分，应选形状有些变异，石面有一定皱褶和孔洞的山石，因为这种部位比较能引起人们的注意，所以要选用形状较好的山石。

3）收顶部分

假山的上部和山顶部分、山洞口的上部，以及其他比较凸出的部位，应选形状变异较大、石面皱纹较美、孔洞较多的山石，以加强山景的自然特征。

此外，形态特别好且体量较大的，具有独立观赏形态的奇石，可特置为单峰石，并将其作为景观内的重要石景使用；片块状的山石可考虑作为石榻、石桌、石几和磴道使用，也可作为悬崖顶、山洞顶等的压顶石。

山石因种类不同而形态各异，对石形的要求也因石而异。人们常说的奇石要具备的"瘦、漏、透、皱"石形特征，主要是对湖石类假山或单峰石形状的要求，因为湖石才具有涡、环、洞、沟的圆曲变化，如果将这几个字作为选择黄石假山石材的标准，就脱离了实际，因为黄石不具有"漏、透、皱"的特征。

4. 山石皱纹的选择

石面皱纹、皱褶、孔洞比较丰富的山石，应当选在假山表面使用。石形规则、石面形状平淡无奇的山石，可选在假山下部和内部使用。

用于假山的山石和作为普通建筑材料的石材，其最大的区别就在于是否有可供观赏的天然石面和皱纹。"石贵有皮"就是说，假山石若具有天然"石皮"，即有天然石面和天然皱纹，就是可贵的，是用作假山的好材料。

叠石造山要求脉络贯通，而皱纹是体现脉络的主要因素。"皱"指较深较大块面的皱褶，"纹"指细小、窄长的细部凹线。"皱者，纹之浑也，纹者，皱之现也"说的就是这个意思。需要强调的是，山有山皱，石有石皱。山皱的纹理脉络清楚，如国画中的披麻皱、荷叶皱、斧劈皱、折带皱、解索皱等，纹理排列比较顺畅，主纹、次纹、细纹分明，反映了山地流水切割地形的情况。石皱的纹理则既有脉络清楚的，也有杂乱不清的，有一些山石纹理与乱柴皱等相似的，就是脉络不清的皱纹。

在假山选石中，要求同一座假山的山石皱纹最好是同一种类，如采用了折带皱的山石，则以后选用的其他山石也应是折带皱的；选了斧劈皱的山石，一般就不会再选用非斧劈皱的山石。只有统一采用一种皱纹的山石，假山整体上才能显得协调完整，可以在很大程度上减少杂乱感，增加整体感。

5. 石态的选择

在山石的形态中，形是外观的形象，而态却是内在的形象；形与态是一种事物的两个无法分开的方面。山石的形状会表现出一定的精神态势。瘦长形状的山石，能够给人有力的感觉；矮墩状的山石，给人安稳、坚实的印象；石形、皱纹倾斜的，让人感到其有运动的趋势；石形、皱纹平行垂立的，则能够让人感到宁静、安详、平和……这些情况都说明，为了提高假山造景的内在形象表现，在选择石形的同时，还应当注意其态势、精神的表现。

传统的品评奇石的标准中，多见以"丑"字来概括"瘦、漏、透、皱"等石形石态特点，在假山施工选石中特别强调要"观石之形，识石之态"，要透过山石的外观形象看到其内在的精神、气势和神采。

6. 石质的选择

质地的主要影响因素是山石的密度和强度，如作为梁柱式山洞石梁、石柱和山峰下垫脚石的山石，就必须有足够的强度和较大的密度。而强度稍差的片状石，就不能选用在这些地方,但可以作为石级或用于铺地,因为铺地的山石无须特别强的承重能力。外观形状和皴纹好的山石,有的因风化过度,其受力能力就很差,这样的山石就不能用于假山的受力部位。

质地的另一影响因素是质感,如粗糙、细腻、平滑、多皴等,都要根据造景效果来筛选。同样一种山石,其质地往往也有粗有细、有硬有软、有纯有杂、有良有莠。比如,同是钟乳石,有的质地细腻、坚硬、洁白、晶莹、纯然一色,而有的却质地粗糙、松软、颜色混杂;又如,在黄石中,也有质地粗细的不同和坚硬程度的不同。在假山选石时,一定要注意不同石块在质地上的差别,将质地相同或差别不大的山石选用在一处,质地差别大的山石则选用在不同的地方。

7. 山石颜色的选择

叠石盘山也要讲究山石颜色的搭配。不同类的山石色泽不一,即使同一类山石也有色泽的差异,"物以类聚"是一条自然法则,在假山选石中也要遵循。原则上要求尽量将颜色相同或相近的山石选用在一处,以保证假山整体的颜色效果协调统一。在假山的凸出部位,可以选用石色稍浅的山石,而在凹陷部位则应选用颜色稍深者;在假山下部的山石,要选用颜色稍深的,而假山上部的用石则要选颜色稍浅的。

山石颜色的选择还应与所造假山区域的景观特点相互联系起来,扬州个园以假山和置石反映四时变化。其春山捕捉了"雨后春笋"的春景,选用高低不一的青灰色石笋石置于竹林之下,以点出青笋破土的景观主题;夏山用浅灰色太湖石作为水池洞室,并配植常绿树,有夏荫泉洞的湿润之态;秋山为突出秋色而选用黄石;冬山为表现皑皑白雪而别具匠心地选用白色的宣石。

(二)石料的运输

石料的运输,特别是湖石的运输,最重要的是防止其损坏。在装卸过程中,宁可多费一些人力、物力,也要尽力保护好石料的自然石面。在运输过程中更要注意保护峰石。一般在运输车中放置黄沙或虚土,厚约 20 cm,而后将峰石仰卧于沙土之上,这样可以保证峰石的安全。

(三)石料的分类

石料运到工地后应分块平放在地面上,以供"相石"方便。然后再将石料分门别类,有秩序地排列放置。

(四)工具与施工机械准备

首先应根据工程量的大小,确定施工中所有的起重机械,准备好杉杆与手动葫芦,或者杉杆与滑轮、绞磨机等,做好起吊特大山石的使用吊车计划。其次,要准备足够数量的手工工具,具体见表 7-1。

表 7-1　假山施工手工工具

类型	工具
动土工具	铁锹、铁镐、铁碴、蛙式跳夯等
拌灰工具	筛子、竹筐、手推车、灰斗、水桶、拌灰板、砖砌灰池等
抬石工具	松木(或柏木、榆木)杠
扎系石块工具	麻绳、铁链等

续表

类型	工具
挪移石块工具	长铁撬、手撬（短撬）
碎石工具	大小铁锤

（五）场地安排

（1）确保施工场地有足够的作业面，施工地面不得堆放石料及其他物品。

（2）选好石料摆放地，一般在作业面附近，石料依施工用石先后有序地排列放置，并将每块石头最具特色的一面朝上，以便于施工时认取。石块间应有必要的通道，以便于搬运，尽量避免小搬运。

（3）施工期间，山石搬运频繁，必须组织好最佳的运输路线，并确保路面平整。

（4）保证水、电供应。

（六）施工人员准备

我国传统的叠山艺人大多具有较高的艺术修养，不仅能诗善画，对自然山水的风貌有很深的认识，同时还有着丰富的施工经验，有的还是叠山世家、世代相传。假山工程是一门特殊造景技艺，一般由叠山世家传人担任假山师傅，组成专门的假山工程队，另外还有石工、泥工、起重工、普通工等，人数一般8~12人为宜。他们相互支持、密切配合，共同完成任务。假山工程需要的施工人员主要分三类，即假山施工工长、假山技工和普通工。

假山施工工长是主持假山工程的施工员，也被称为假山相师，在明清时期曾被称为"山匠""山石匠"等。假山施工工长要有丰富的叠石造山实践经验和主持大小假山工程施工的能力，具备一定的造型艺术知识和国画山水画理论知识，并且对自然山水风景有较深的认识和理解，也应当熟练掌握假山叠石的技艺，是懂施工、会操作的技术人才。在施工过程中，假山施工工长负有全面的施工指挥职责和施工管理职责，从选石到每一块山石的安放位置和姿态的确定，都要在现场直接指挥。其对每天的施工人员调配、施工步骤与施工方法的确定、施工安全保障等管理工作也需要亲自进行安排。假山施工工长是假山施工成败的关键人员，一定要选准人。每一项假山工程只需配备一名假山施工工长，一般不宜多配备，否则施工中难免出现认识不一致、指挥不协调、影响施工进度和质量的情况。

假山技工应当是掌握了山石吊装技术、调整技术、砌筑技术和抹缝修饰技术的熟练技术工人，应能够及时、准确地领会假山施工工长的命令，并能够带领几名普通工进行相应的技术操作，操作质量能达到假山施工工长的要求。假山技工的配备数量应根据工程规模的大小来确定，中小型工程配2~5名即可，大型工程则应多一些。

普通工应当具有基本的劳动者素质，能正确领会假山施工工长和假山技工的指挥意图，能按技术规范要求进行正确的操作。在普通工中，至少要有4名体力强健和能够抬重石的工人。普通工的数量在每施工日中不得少于4人，工程量越大，人数相应越多。但是，由于假山施工具有特殊性，工人人数太多时容易造成窝工或施工相互影响的现象，因此宁愿拖长工期，减少普通工人数。即使是特大型假山工程，最多只需配备16人。

二、定位与放线

(一)假山模型的制作

(1)熟悉设计图纸,图纸包括假山底层平面图、顶层平面图、立面图、剖面图和洞穴、结顶等大样图。

(2)选用适当比例(1:20~1:50)的大样平面图,确定假山范围及各山景的位置。

(3)制模材料可选用泥沙或石膏、橡皮泥、水泥砂浆和泡沫塑料等可塑材料。

(4)制作假山模型应主要体现山体的总体布局和山体的走向、山峰的位置、主次关系和沟壑洞穴、溪涧的走向,尽可能做到体量适宜、布局精巧,体现出设计意图,为假山施工提供参考。

(二)假山定位与放线的步骤

首先在假山平面设计图上按 5 m×5 m 或 10 m×10 m(小型的假山也可为 2 m×2 m)的尺寸绘出方格网,在假山周围环境中找到可以作为定位依据的建筑边线、围墙边线或园路中心线,并标出方格网的定位尺寸。按照设计图方格网及其定位关系,将方格网放大到施工场地的地面。在假山占地面积不大的情况下,方格网可以直接用白灰画到地面;在占地面积较大的大型假山工程中,也可以用测量仪器将各方格交叉点测设到地面,并在点上钉下坐标桩。放线时,用几条细绳拉直连上各坐标桩,就可标示出地面的方格网。

然后,采用方格网放大法,用白灰将设计图中的山脚线在地面方格网中放大绘出,把假山基底的平面形状(也就是山石的堆砌范围)绘在地面上。假山内有山洞的,也要按相同的方法在地面绘出山洞洞壁的边线。

最后,依据地面的山脚线,向外取 50 cm 宽度绘出一条与山脚线相平行的闭合曲线,这条闭合曲线就是基础的施工边线。

三、挖槽

北方地区堆叠假山一般是在假山范围内满拉底,基础也要满打;南方通常沿假山外轮廓和山洞位置设置基础,内部则多为填石,对基础的承重能力要求相对较低。因此,挖槽的范围与深度要根据设计图纸的要求进行。

四、立基

"假山之基,约大半在水中立起。先量顶之高大,才定基之浅深。掇石须知占天,围土必然占地,最忌居中,更宜散漫。"(《园冶》)这说明掇山必先有成局在胸,才能确定假山基础的位置、外形和深浅。否则假山基础若已起出地面,再想改变假山的总体轮廓或增加很多高度或挑出很远就困难了。因为假山的重心不能超出基础之外,重心不正即"稍有欹侧,久则逾欹,其峰必颓"。因此,理当慎之。

（一）基础的类型

假山能坐落在天然岩基上是最理想的，除此之外都需要做基础。

1. 桩基

桩基适用于水中的假山或山石驳岸，虽然是古老的基础做法，但至今仍有实用价值。

（1）木桩多选用较为平直而又耐水湿的柏木桩或杉木桩，木桩顶面的直径为 10~15 cm。

（2）平面布置按梅花形排列即"梅花桩"，桩边至桩边的距离约为 20 cm，其宽度视假山底脚的宽度而定；如做驳岸少则三排、多则五排；大面积的假山需在基础范围内均匀分布。

（3）桩的长度或足以打到硬层，称为"支撑桩"，或用其挤实土壤，称为"摩擦桩"。桩长一般为 1 m 多。

（4）桩木顶端露出湖底十几厘米至几十厘米，其间用块石嵌紧，再用花岗石压顶；条石上面才是自然形态的山石，即"大块满盖桩顶"的做法。

（5）条石应置于低水位线以下，自然山石的下部也在水位线下；这样不仅是为了美观，也可减少桩木腐烂。

2. 灰土基础

（1）灰土基础一般"宽打窄用"，即其宽度应比假山底面积宽出约 0.5 m，保证假山的压力沿压力分布的角度均匀地传递到素土层。

（2）灰槽深度一般为 50~60 m。

（3）2 m 以下的假山一般打一步素土、一步灰土。一步灰土即布灰 30 cm，踩实到15 cm，再夯实到 10 cm 左右的厚度。

（4）2~4 m 高的假山用一步素土、两步灰土。

（5）石灰一定要选用新出窑的块灰，在现场泼水化灰，灰土的比例为 3∶7。

3. 混凝土基础

近代的假山多采用浆砌块石或混凝土基础，这类基础耐压强度大，施工速度较快。

（1）在基土坚实的情况下可利用素土槽灌溉，基槽宽度同灰土基础。

（2）陆地上混凝土的厚度为 10~20 cm，水中基础约为 50 cm，高大的假山酌情增加厚度。

（3）陆地上选用不低于 C10 的混凝土，水泥、砂和卵石质量配比为 1∶2∶4~1∶2∶6。

（4）水中采用 C15 水泥砂浆砌块石或 C20 素混凝土基础为妥。

（二）基础的施工

1. 浅基础的施工

浅基础一般是夯实原地面后而砌筑的基础。浅基础的施工程序为：原土夯实→铺筑垫层→砌筑基础。此种基础应事先将地面进行平整，清除高垄，填平凹坑，然后进行夯实，再铺筑垫层和砌筑基础。基础结构按设计要求严把质量关。

2. 深基础的施工

深基础的施工程序为：挖土→夯实整平→铺筑垫层→砌筑基础。深基础将基础埋入地面以下，应按基础尺寸进行挖土，严格掌握挖土深度和宽度，一般假山基础的挖土深度为50~80 cm，基础宽度多为山脚线向外 50 cm。土方挖完后夯实整平，然后按设计铺筑垫层和砌筑基础。

3.桩基础的施工

桩基础的施工程序为:打桩→整理桩头→填塞桩间垫层→浇筑桩顶盖板。桩基础多为短木桩或混凝土桩打入土中而成,桩打好后,应将打毛的桩头锯掉,再按设计要求,铺筑桩子之间的空隙垫层并夯实,然后浇筑混凝土桩顶盖板或浆砌块石盖板,要求浇实灌足。

五、拉底

拉底就是在山脚线范围内砌筑第一层山石,即形成垫底的山石层。

(一)拉底的方式

(1)满拉底:在山脚线的范围内用山石满铺一层。适宜规模较小、山底面积也较小的假山,或在北方冬季有冻胀破坏地方的假山。

(2)周边拉底:先用山石在假山山脚沿线砌一圈垫底石,再用乱石碎砖或泥土将石圈内全部填起来,压实后即形成垫底的假山底层。适合于基底面积较大的大型假山。

(二)山脚线的处理

(1)露脚:在地面上直接做起山底边线的垫脚石圈,使整个假山就像是放在地上似的。这种方式可以减少山石用量和用工量,但假山的山脚效果稍差一些。

(2)埋脚:将山底周边垫底山石埋入土下约20 cm深,可达到整座假山仿佛像是从地下长出来的效果。在石边土中栽植花草后,假山与地面的结合就更加紧密、自然了。

(三)拉底的技术要求

(1)要注意选择合适的山石来做山底,不得用风化过度的松散山石。

(2)拉底的山石底部一定要垫平垫稳,保证不能摇动,以便于向上砌筑山体。

(3)拉底的山石之间要紧连互咬,紧密地扣合在一起。

(4)山石之间要不规则地断续相间,有断有连。

(5)拉底的边缘部分要错落变化,使山脚弯曲时有不同的半径,凹进时有不同的凹深和凹陷宽度,要防止山脚的平直和浑圆形状。

六、起脚

拉底之后,开始砌筑假山山体的首层山石层的操作技法称为起脚。

(一)起脚边线的做法

常用的起脚边线的做法有点脚法、连脚法和块面法。

(1)点脚法:在山脚边线上,用山石每隔不同的距离做出墩点,用片块状山石盖于其上,做成透空小洞穴。这种做法多用于空透型假山的山脚。

(2)连脚法:按山脚边线连续摆砌弯弯曲曲、高低起伏的山脚石,形成整体的连线山脚线。这种做法各种山形都可采用。

（3）块面法：用大块面的山石，连线摆砌成大凸大凹的山脚线，使凸出凹进部分具有很强的整体感。这种做法多用于造型雄伟的大型山体。

（二）起脚的技术要求

（1）起脚石应选择憨厚实在、质地坚硬的山石。

（2）砌筑时先砌筑山脚线凸出部位的山石，再砌筑凹进部位的山石，最后砌筑连接部位的山石。

（3）假山的起脚宜小不宜大、宜收不宜放，即起脚线一定要控制在山脚线的范围以内，宁可向内收进一点，也不要向外扩出去。起脚过大会影响砌筑山体的造型，形成臃肿、呆笨的体态。

（4）起脚石全部摆砌完成后，应将其空隙用碎砖石填实灌浆，或填筑泥土打实，或浇筑混凝土筑平。

（5）起脚石应选择大小相间、形态不同、高低不等的料石，使其犬牙交错，首尾连接。

七、做脚

做脚就是用山石砌筑山脚，它是在假山上面部分的山形山势大体施工完成以后，紧贴起脚石外缘部分拼叠山脚，以弥补起脚造型不足的一种操作技法。所做的山脚虽然无需承担山体的重压，但却必须根据主山的上部造型来塑造形态，既要实现山体如同土中自然生长出来的效果，又要特别增强主山的气势和山形的完美程度。假山山脚的造型与做脚的方法如下所述。

（一）山脚的造型

假山山脚的造型应与山体造型结合起来考虑，在做山脚的时候就要根据山体的造型而采取相适应的造型处理，这样才能使整个假山的造型形象浑然一体，完整且丰满。在施工中，山脚可以做成如图 7-1 所示的几种形式。

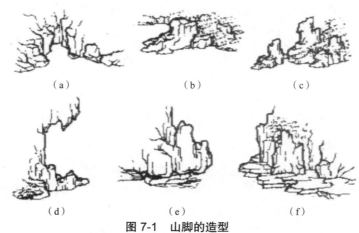

（a）　　　　　　　　（b）　　　　　　　　（c）

（d）　　　　　　　　（e）　　　　　　　　（f）

图 7-1　山脚的造型
（a）凹进脚　（b）凸进脚　（c）断连脚　（d）承上脚　（e）悬底脚　（f）平板脚

（1）凹进脚：山脚向山内凹进，随着凹进的深浅宽窄不同，脚坡可做成直立状或陡坡、缓坡。

（2）凸出脚：向外凸出的山脚，其脚坡可做成直立状或坡度较大的陡坡状。

（3）断连脚：山脚向外凸出，凸出的端部与山脚本体部分似断似连。

（4）承上脚：山脚向外凸出，凸出部分对着其上方的山体悬垂部分，起着均衡上下重力和承托山顶下垂之势的作用。

（5）悬底脚：局部地方的山脚底部做成低矮的悬空状，与其他非悬底山脚构成虚实对比，可增强山脚的变化，这种山脚最适于用在水边。

（6）平板脚：片状、板状山石连续地平放山脚，做成如同山边小路一般的造型，突出了假山上下的横竖对比，使景观更为生动。

应当指出，假山山脚不论采用哪一种造型形式，它在外观和结构上都应当是山体向下的延续部分，与山体是不可分割的。即使采用断连脚、承上脚的造型，也要"形断迹连，势断气连"，要在气势上连成一体。

（二）做脚的方法

在具体做山脚时，可以采用点脚法、连脚法或块面脚法三种做法，如图 7-2 所示。

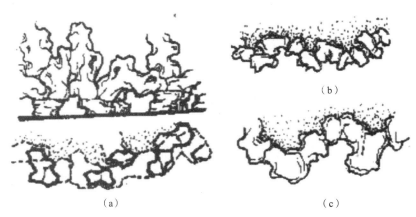

（b）

（a）　　　　　　　　　　（c）

图 7-2　做脚的三种方法
（a）点脚法　（b）连脚法　（c）块面脚法

1. 点脚法

点脚法主要运用于具有空透型山体的山脚造型。所谓点脚，就是先在山脚线处将山石做成相隔一定距离的点，点与点之上再用片状石或条状石盖上，这样就可在山脚的一些局部造出小的洞穴，加强假山的深厚感和灵秀感。如扬州个园的湖石山，所用的就是点脚法。在做脚过程中，要注意点脚的相互错开和点与点间距离的变化，不要做出整齐的山脚形状。同时，也要考虑脚与脚之间的距离是否与今后山体造型用石时的架、跨、券造型相吻合、相适宜。点脚法除了直接作用于起脚空透的山体造型，还常用于如桥、廊、亭等的起脚垫脚。

2. 连脚法

连脚法即做山脚的山石依据山脚的外轮廓变化，成曲线状起伏连续排列，使山脚具有连续、弯曲的线形。一般的假山常用这种连脚法处理山脚。采用这种山脚做法,应注意使脚的山石以前错后移的方式呈现不规则的错落变化。

3. 块面脚法

块面脚法做出的山脚也是连续的,但与连脚法不同的是,块面脚要使所做的山脚线呈现大进大退的变化,山脚凸出部分与凹陷部分各自的整体感都要很强,而不是连脚法那样小幅度的曲折变化。块面脚法一般用于起脚厚实、雄伟的大型山体,如苏州耦园主山就是起脚充实、成块面状的大型山体。

山脚的施工质量对山体部分的造型有直接影响。山体的堆叠施工除受山脚质量的影响外,还受山体结构形式和叠石手法等因素的影响。

八、山体堆叠施工

假山山体的施工,主要是通过吊装、堆叠、砌筑等操作完成假山的造型。由于假山可以采用不同的结构形式,因此在山体施工中也就要采用不同的堆叠方法。而在基本的叠山技术方法上,不同结构形式的假山也有一些共同之处。下面对这些施工方法进行介绍。

1. 支撑

山石吊装到山体一定位点上,经过位置、姿态的调整后,将山石固定于一定的状态,这时就要先进行支撑,使山石临时固定下来。支撑材料应以木棒为主。如图 7-3 所示,以木棒的上端顶着山石的某一凹处,木棒的下端则斜着落在地面,并用一块石头将棒脚压住。一般每块山石都要用 2~4 根木棒支撑,因此工地上最好多准备一些长短不同的木棒。此外,铁棍或长形山石也可作为支撑材料。支撑固定的方法主要针对大而重的山石,这种方法对后续施工操作将会有一定的阻碍。

2. 捆扎

为了将调整好位置和姿态的山石固定下来,还可采用捆扎的方法。捆扎方法比支撑方法简便,而且基本对后续施工没有阻碍。这种方法最适宜体量较小的山石的固定,对体量特大的山石应辅之以支撑方法。山石捆扎固定一般采用 8 号或 10 号钢丝,用单根或双根钢丝做成圈,套上山石,并在山石的接触面垫上或抹上水泥砂浆后再进行捆扎,捆扎时钢丝圈先不必收紧,应适当松一点,然后再用小钢钎(錾子)将其绞紧,使山石无法松动(见图 7-3)。

3. 铁活固定

对质地比较松软的山石,可以将铁耙钉打入两块相连的山石中,将两块山石紧紧地抓在一起,每一处连接部位都应打入 2~3 个铁耙钉(见图 7-3)。对质地坚硬的山石,要先在地面用银锭扣连接好后,再作为一整块山石用在山体上。或者,在山崖边安置坚硬山石时使用铁吊架,这样也能达到固定山石的目的。

4. 刹垫

山石固定方法中,刹垫是最重要的方法之一。刹垫是用平稳小石片将山石底部垫起来,使山石保持平稳的状态。操作时,先将山石的位置、朝向、姿态调整好,再把水泥砂浆塞入石底,然后将小石片轻轻打入不平稳的石缝中,直到石片卡紧为止(见图7-3),一般要在石底周围打入3~5个石片,才能固定好山石。石片打好后,要用水泥砂浆把石缝完全塞满,使两块山石连成一个整体。

5. 填肚

山石接口部位有时会有凹缺,使石块的连接面积缩小,也使相连的两块山石之间成断裂状,没有整体感。这时就需要填肚。所谓填肚,就是用水泥砂浆对山石接口处的缺口进行填补,一直填至与石面平齐(见图7-3)。

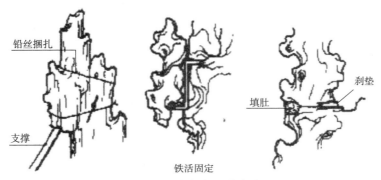

图 7-3　山石衔接与固定方法

在叠山施工中,不论采用哪一种结构形式,都要解决山石与山石之间的固定与衔接问题,这方面的技术方法在任何结构形式的假山中都是通用的。

九、山石勾缝和胶结

古代假山胶结材料以石灰为主,石灰用作胶结材料时,为了提高石灰的胶合性会加入一些辅助材料,配制成纸筋石灰、明矾石灰、桐油石灰和糯米浆石灰等。纸筋石灰凝固后硬度和韧性都有所提高,且造价相对较低。桐油石灰凝固较慢,造价高,但黏结性能良好,凝固后很结实,适宜小型石山的砌筑。明矾石灰和糯米浆石灰的造价较高,凝固后的硬度很大,黏结牢固,是较为理想的胶合材料。

现代假山施工基本上全用水泥砂浆或混合砂浆来胶合山石。水泥砂浆由普通灰色水泥和粗砂按1:1.5~1:2.5的比例加水调制而成,主要用来黏合石材、填充山石缝隙和为假山抹缝。有时,为了增加水泥砂浆的和易性和对山石缝隙的充满度,可以在其中加适量的石灰浆,配成混合砂浆。

湖石勾缝再加青煤,黄石勾缝后刷铁屑盐卤,可使缝的颜色与石色相协调。胶结操作要点如下:

①胶结用水泥砂浆要现配现用;

②待胶合山石石面应事先刷洗干净;

③待胶合山石石面应都涂上水泥砂浆(混合砂浆),并及时贴合、支撑捆扎固定;

④胶合缝应用水泥砂浆(混合砂浆)补平、填平、填满;

⑤胶合缝与山石颜色相差明显时,应用水泥砂浆(混合砂浆硬化前)对胶合缝撒布同色山石粉或沙子进行变色处理。

十、植物配植

假山上的许多地方都需要栽种植物。植物可用来美化假山,营造山林环境和掩饰假山上的某些缺陷。在假山上栽种植物,应在假山山体设计中将种植穴的位置考虑在内,并在施工中预留出来。

种植穴是在假山上预留的一些孔洞,专门用来填土栽种假山植物,或者作为盆栽植物的放置点。假山上的种植穴形式很多,常见的有盆状、坑状、筒状、槽状、袋状等,可根据具体的假山局部环境和山石状况灵活地确定种植穴的设计形式。穴坑面积不用太大,只要能够栽种中小型灌木即可。

假山上栽植的植物不应是树体高大、叶片宽阔的树种,应该选用植株高矮适中、叶片狭小的植物,以便在对比中有助于"小中见大"效果的形成。假山植物应以灌木为主,一部分假山植物要具有一定的耐旱能力,因为假山上部种植穴中能填进的土壤有限,很容易变得干燥。在山脚下可以配植麦冬、沿阶草等草丛,用茂密的草丛遮掩一部分山脚,可以加强山脚景观的表现力。在崖顶配植一些下垂的灌木如爬墙虎、迎春花、金钟花、蔷薇等,可以丰富崖顶的景观。在山洞洞口的一侧,配植一些植物半掩洞口,能够使山洞显得深不可测。在假山背面,可多栽种一些枝叶浓密的大灌木,以掩饰假山的缺陷之处,同时还能为假山提供依托的背景。

十一、施工收尾

(一)养护与调试

现代假山以轻、秀、悬、险为特征,体量也较大,特别是堆叠洞体,都需用水泥砂浆或混凝土配合,应按施工规范进行养护,以达到其结合体的标准强度。假山不同于一般砌体建筑,冬季施工一般情况下不可采用快干剂。假山施工中的调试是指水池放水后对临水置石的调整,如石矶、水口、步石等与水面的落差与比例等,以及瀑布出水口、分水石、引水石等的调整。

(二)拆除清场

假山的拆除必须严格按照一定的顺序,以确保安全。拆除支架时,操作人员应在山石的旁侧,不可置身于山石的上下方。多层组合的假山撤支撑或脚手架时,必须按照从上层到下层的顺序进行。支撑支架拆除时,操作人员的位置应在支撑石垂直线投影 50 cm 以外,山洞内支撑的拆除必须由外向里逐一松动,然后由里向外逐一拆除,中心主要承重顶撑或支架拆除前必须先支辅助支架。假山施工的清场不等同于一般的清扫,应包括覆土、山体周边的山脉点缀、局部调整与补缺、勾缝收尾、与地面的连接、植物配置、放水调试。

第三节 假山施工技艺

假山施工中的特色施工技艺主要是用石、用"刹"、构洞、留隙等。用石是指巧妙地运用获得的山石材料,它是考验假山施工工长技术水平的重要环节。掌握用石,是学习假山施工的基础。传统口诀中有关"相石定位"的口诀既是对用石的经验总结,又是指导用石实践的诀窍。山石结构基本形式的"十字诀"即"安、连、接、斗、挎、拼、悬、剑、卡、垂"。

一、安

安是安置山石的总称,放置一块山石称为"安"一块山石,特别强调放置的这块山石要安稳。其又分单安,如图7-4所示。单安即把山石安放在一块支撑石上;双安指在两块不相连的山石上面安一块山石,下断上连,构成洞等变化;三安则是于三石上安一石,使之形成一体。安石强调要"巧安",即本来这些山石并不具备特殊的形体变化,而经过安石以后可以巧妙地组成富于石形变化的组合体,即《园冶》所谓的"玲珑安巧"。

（a）　　　　　　（b）　　　　　　（c）

图7-4 安

（a）单安 （b）双安 （c）三安

二、连

连是山石之间的水平向衔接,如图7-5所示。连切忌石与石平直相连,应因石变化,按石的形态、方向、棱角、轮廓自然相连,符合叠石纹理、结构、层次的规律,达到连接自然、错落有致的效果。大块面相连可密缝合成一体,层次交叉落差之间可用隐连、跨连,组石之间可取疏连,山脉与主峰称为续连。

三、接

接是山石之间的竖向衔接,如图7-6所示。接既要善于利用天然山石的茬口,又要善于补救茬口不够吻合的所在,最好是上下茬口互咬,同时不因相接而破坏石的美感。一般情况下,竖纹和竖纹相接,横纹和横纹相接。接石的操作要点是对接牢固,纹理相通,宛如一石。

四、斗

斗是指置石成向上拱状，两端架于二石之间，腾空而起，宛如自然岩石之环洞或下层崩落形成的孔洞，如图 7-7 所示。

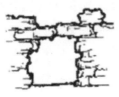

图 7-5　连　　　　　　图 7-6　接　　　　　　图 7-7　斗

五、挎

如山石某一侧面过于平滞，可以旁挎一石以全其美，称为挎，如图 7-8 所示。挎石可利用茬口咬压或上层镇压来稳定，必要时加钢丝固定。钢丝要藏在石的凹纹中或用其他方法加以掩饰。

六、拼

有一些假山的山峰叠好后，发现峰体太细，缺乏雄壮气势，这时就要采用拼的手法来拼峰，将其他一些较小的山石拼合到峰体上，使山峰雄厚起来。就假山施工中砌筑山石而言，竖向为叠，横向为拼。拼（图 7-9），主要用于直立或斜立的山石之间相互拼合，也可用于其他状态山石之间的拼合。

七、悬

在下面是环孔或山洞的情况下，使某山石从洞顶悬吊下来，这种叠石方法称为悬，如图 7-10 所示。在山洞中，随处做一些洞顶的悬石，就能够很好地增加洞顶的变化，使洞顶景观像石灰岩溶洞中倒悬的钟乳石一样。

图 7-8　挎　　　　　　图 7-9　拼　　　　　　图 7-10　悬

八、剑

用长条形峰石直立在假山上,作为假山山峰的收顶石或作为山脚、山腰的小山峰,使峰石直立如剑,挺拔峻峭,这种叠石手法称为剑,如图7-11所示。在同一座假山上,采用剑法布置的峰石不宜太多,太多则显得如"刀山剑树"般,这是假山造型力求避免的。剑石相互之间的布置状态应该多加变化,要大小有别、疏密相见、高低错落。

九、卡

在两个分离的山石上部,将一块较小山石插入二石之间的楔口而卡在其上,从而达到将二石上部连接起来,并在其下做洞的叠石目的,这种叠石手法称为卡,如图7-12所示。在自然界中,山上崩石被下面山石卡住的情况也很多见。卡石重力传向两侧山石的情况和券拱相似,因此在力学关系上比较稳定。卡的手法运用较为广泛,既可用于石景造型,又可用于堆叠假山。承德避暑山庄烟雨楼旁峭壁假山以卡石收顶做峰,无论从造型上还是从结构上看都比较稳定和自然。

十、垂

山石从一个大石的顶部侧位倒挂下来,形成下垂的结构状态,这种叠石手法称为垂,如图7-13所示。其与悬的区别在于,一为中悬,一为侧垂。与挎之区别在于以倒垂之势取胜。垂的手法往往能够塑造出一些险峻的状态,因此多被用于立峰上部、悬崖顶上、假山洞口等处。

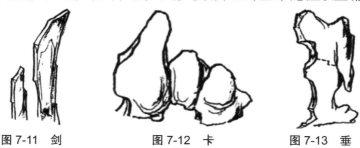

图7-11 剑　　　　图7-12 卡　　　　图7-13 垂

第四节　塑山、塑石施工

一、塑石假山工艺的特点

(1)可以塑造较理想的艺术形象,雄伟、磅礴、富有力量感的山石景,特别是能塑造难以搬运和堆叠的巨型奇石,这种艺术造型较能与现代建筑相协调,此外还可通过伪造展现黄蜡石、英石、太湖石等不同石材所具有的风格。

（2）可以在非产石地区布置山石景,利用价格较低的材料,如砖、砂、水泥等。

（3）施工灵活方便,不受地形限制,在质量很大的巨型山石不宜进入的地方,如室内花园、屋顶花园等,仍可塑造出壳体结构的、自重较小的巨型山石。

（4）可以预留位置栽培植物,进行绿化。

二、塑石假山的一般施工步骤

（一）建造骨架结构

骨架结构有砖结构、钢架结构以及两者的混合结构等。砖结构简便节省,对于山形变化较大的部位,要用钢架悬挑。山体的飞瀑、流泉和预留的绿化洞穴处,要对其骨架结构做好防水处理。

（二）泥底塑型

用由水泥、黄泥、河沙配成的可塑性较强的砂浆在已砌好的骨架上塑型,反复加工,使造型、纹理、塑体和表面刻划基本上接近模型。

（三）塑面

塑面是指在塑体表面细致地刻划石的质感、色泽、纹理和表层特征。质感和色泽根据设计要求,用石粉、色粉按适当比例配白水泥或普通水粉调成砂浆,按粗糙、平滑、拉毛等塑面手法处理,进行纹理的塑造。一般来说,直纹为主、横纹为辅的山石较能表现峻峭、挺拔的姿势;横纹为主、直纹为辅的山石较能表现潇洒、豪放的意象;综合纹样的山石则较能表现深厚、壮丽的风貌。为了增强山石景的自然真实感,除了纹理的刻划外,还要做好山石的自然特征,如缝、孔、洞、裂、断层、位移等的细部处理。一般来说,纹理刻划宜用"意笔"手法,概括简练;自然特征的处理宜用"工笔"手法,精雕细琢。

（四）设色

设色在塑面水分未干透时进行,基本色调用颜料粉和水泥加水拌匀,逐层洒染。在石缝孔洞或阴角部位略洒稍深的色调,待塑面九成干时,在凹陷处洒上少许绿、黑或白色等大小、疏密不同的斑点,以增强立体感和自然感。

三、塑山工艺简介

（一）GRC 塑山材料

传统塑山工艺施工技术难度大、皴纹不逼真、材料自重大,并且易裂易褪色,为克服这些缺陷,景观科研工作者探索出一种新型的塑山材料短纤维强化水泥（GRC）。它是将脆性材料如水泥、砂、玻璃纤维等结合在一起的一种韧性较强的复合物,主要用来塑造假山、雕塑、喷泉、瀑布等。GRC塑山的工艺过程由组件成品的生产流程和山体的安装流程组成。

组件成品的生产流程为:原材料(低碱水泥、砂、水、添加剂)→搅拌、挤压→加入经过切割粉碎的玻璃纤维→混合后喷出→附着模型压实→安装预埋件→脱模→表面处理→组件成品。

山体的安装流程为:构架制作→各组件成品的单元定位→焊接→焊点防锈→预埋管线→做缝→设施定位→面层处理→成品。

(二)FRP塑山材料

玻璃纤维强化树脂(FRP)是另一种新型塑山材料,它是由不饱和树脂和玻璃纤维结合而成的一种复合材料,其特点是刚度好、质轻、耐用、价廉、造型逼真,同时还可预制分割,方便运输,特别适用于大型、易地安装的塑山工程。

其施工程序为:泥模制作→翻制石膏→玻璃钢制作→模件运输→基础和钢框架制作安装→玻璃钢预制件拼装→修补打磨→喷漆→成品。下面对部分程序进行介绍。

(1)泥模制作。按设计放样制作泥模,一般在一定比例(多用1:15~1:20)的小样基础上进行,泥模制作应在临时搭设的大棚内作业。

(2)翻制石膏。一般采用分割翻制,便于翻模和以后运输的方便,分块的大小和数量根据塑山的体量来确定,其大小以人工能搬动为宜,每块按顺序标注记号。

(3)玻璃钢制作。玻璃钢原材料采用191号不饱和聚酯及固化体系,一层纤维表面毯和五层玻璃布,以聚乙烯醇水溶液为脱模剂,要求玻璃钢表面硬度大于34,厚度达4cm,并在玻璃钢背面粘钢筋,制作时要预埋铁件以便安装固定用。

(4)基础和钢框架制作安装。柱基础采用钢筋混凝土,其厚度不小于80cm,双层双向采用ϕ18 mm配筋,C20预拌混凝土,框架柱梁可用槽钢焊接,必须确保整个框架的刚度和稳定。框架和基础用高强度螺栓固定。

(5)玻璃钢预制件拼装。根据预制件大小和塑山高度,先绘出分层安装剖面图和分块立面图,要求每升高1~2 m就要绘制一幅分层水平剖面图,并标注每一块预制件四个角的坐标位置与编号,对特殊变化之处要增加控制点,然后按顺序由下向上逐层拼装,做好临时固定,全部拼装完毕后,由钢框架伸出的角钢悬挑固定。

(6)打磨、喷漆。拼装完毕后,接缝处用同类玻璃钢补缝、修饰、打磨,使其浑然一体,最后用水清洗,罩以土黄色玻璃钢油漆即成。

四、广东园林塑山

园林塑山起源于广东省,现在多用水泥来进行表面处理,内加颜料而具不同色彩,可仿不同石材。人工塑造的山石,其内部构造有以下两种形式。

(一)钢筋铁丝网塑石构造

(1)基架设置(骨架)。钢筋钢丝网塑石构造的基架设置(骨架)有两种:①砖和钢筋混凝土骨架;②钢骨架。

（2）铺设钢丝网。骨架外层按照设计的岩石或假山形体,用直径为 12 mm 左右的钢筋,编扎成山石的形状,钢筋的交叉点最好用电焊焊牢,然后再用铁丝网(双层为好)罩在钢筋骨架外面,并用细铁丝紧紧地扎牢。

（3）水泥砂浆成大形。用粗砂配制的 1∶2 水混砂浆(加纤维),在钢丝网上进行抹面。一般进行 2~3 遍,使塑石的石面壳体总厚度达到 4~6 cm。

（4）加色砂浆进行表面塑造。仿自然山石做表面逼真处理。

（二）砖石填充物塑石构造

先按照设计的山石形体,用砖石材料砌筑出大形,为了节省材料,可在砌体内砌出内空的石室,然后用钢筋混凝土板盖顶,最后用水混砂浆进行表面处理。

第八章 水景工程

第一节 水景工程常用的材料

就工程的角度而言,对水景的设计施工主要是对盛水容器及其相关附属设施的设计与施工。为了实现这些景观,需要修建驳岸、护坡和水池等工程构筑物以及必要的给排水设施和电力设施等,从而涉及土木工程、防水工程、给排水工程、供电与照明工程、假山工程、种植工程、设备安装工程等一系列相关工程。

水景工程施工多因地取材,涉及范围较广,本节仅列出常用的材料。

一、驳岸材料

驳岸的类型主要有浆砌块石驳岸、桩基驳岸和混合驳岸等。景观工程中常见的驳岸材料有花岗石、虎皮石、青石、浆砌块石、毛竹、混凝土、木材、碎石、钢筋、碎砖、碎混凝土块等。此外,对于桩基驳岸,桩基材料有木桩、石桩、灰土桩和混凝土桩、竹桩、板桩等。

(1)木桩:要求耐腐、耐湿、坚固、无虫蛀,如柏木、松木、橡树、榆树、杉木等。桩木的规格取决于驳岸的要求和地基的土质情况,一般直径为 10~15 cm,长 1~2 m,弯曲度小于 1%。

(2)灰土桩和混凝土桩:适用于岸坡水淹频繁而木桩又容易腐蚀的地方;混凝土桩坚固耐久,但投资比木桩大。

(3)竹桩、板桩:竹篱驳岸造价低廉,取材容易,如毛竹、大头竹、篱竹、撑篙竹等均可采用。

二、护坡材料

景观工程中常用的护坡材料有柳条(编柳抛石)、块石、植被、预制框格等。

(一)编柳抛石护坡

采用新截取的柳条成十字交叉编织。编柳空格内抛填厚 0.2~0.4 m 的块石,块石下设厚 10~20 cm 的砾石层以利于排水和减少土壤流失。柳格平面尺寸为 1 m×1 m 或 0.3 m×0.3 m。

（二）块石护坡

护坡石料的相对密度应不小于 2。如火成岩吸水率超过 1%或水成岩吸水率超过 1.5%（以质量计）则应慎用。护坡石料要求有较强的抗冻性，如花岗岩、砂岩、砾岩、板岩等石料。其中以块径为 18~25 cm、边长比约 1∶2 的长方形石料最好。

（三）植被护坡

植被层的厚度随采用的植物种类不同而不同。采用草皮护坡方式的，植被层厚 15~45 cm；采用花坛护坡的，植被层厚 25~60 cm；采用灌木丛护坡的，灌木层厚 45~180 cm。植被层一般不将乔木作为护坡植物，因为乔木重心较高，有时可因树倒而使坡面坍塌。

（四）预制框格护坡

预制框格可由混凝土、塑料、铁件、金属网等材料制作，其每一个框格单元的设计形状和规格大小都可以有许多变化，框格一般是预制生产的，在边坡施工时再装配成各种简单的图形。用锚和矮桩固定后，再往框格中填满肥沃壤土，土要填得高于框格，并稍稍拍实，以免下雨时流水渗入框格下面，冲走框底泥土，使框格悬空。

三、喷水池材料

（一）结构材料

喷水池的结构与人工水景池相同，也由基础、防水层、池底、压顶等部分组成。

（1）基础材料。基础是水池的承重部分，由灰土（3∶7 的灰土）和 C10 混凝土层组成。

（2）防水层材料。水池防水材料种类较多。按材料分，主要有沥青类、塑料类、橡胶类、金属类、砂浆、混凝土和有机复合材料等。钢筋混凝土水池还可采用抹五层防水砂浆（水泥中加入防水粉）的做法。临时性水池则可将吹塑纸、塑料布、聚苯板组合使用，均有很好的防水效果。

（3）池底材料。多用现浇钢筋混凝土池底，厚度应大于 20 cm，如果水池容积大，要配双层钢筋网，也可用土工膜作为池底防渗材料。

（4）池壁材料。池壁一般有砖砌池壁、块石池壁和钢筋混凝土池壁三种。池壁厚度视水池大小而定，砖面池壁采用标准砖，M7.5 水泥砂浆砌筑，壁厚不小于 240 mm。钢筋混凝土池壁宜配直径 8 mm 或 12 mm 的钢筋和 C20 混凝土。

（5）压顶材料。压顶材料常用混凝土和块石。

（6）管网材料。喷水池中还必须配有供水管、补给水管、泄水管和溢水管等管网。

（二）衬砌材料

衬砌材料的常见种类有聚乙烯（PE）、聚氯乙烯（PVC）、丁基衬料（异丁烯橡胶）等，目前国内庭园常用水池衬砌材料的特性见表 8-1。

表 8-1　目前国内庭院常用水池衬砌材料特性

种类	价格	持久性	是否易于安装	设计的灵活性	是否易于修理	评价
PE 衬料	便宜	不好	比较容易	好	难	脆,容易破碎,难以钻洞
PVC 衬料	比较便宜	较好~好	容易	很好	可能 (如还有弹性)	
丁基衬料	适中	很好	容易	特别好	任何时候都有可能	
预塑水池法衬料	适中至稍贵	一般至很好 (视材料而定)	一般	有限	大部分材料都有可能	表面光滑
标准浇筑法衬料	适中至稍贵	不好至特别好 (视材料而定)	很难	好至很好	难	非常坚固,需要黏合
丁基浇面浇筑法衬料	贵	很好	较难	好至很好	可能	非常坚固,不需要黏合
丁基夹层浇筑法衬料	很贵	很好至特别好	难	好至很好	非常难,但是不大可能损坏	非常适合用于公共场合,需要黏合

(三)预制模材料

预制模是现在国内较为常用的小型水池制造方法,通常用高强度塑料制成,预制模水池材料有高密度聚乙烯塑料、ABS 工程塑料(丙烯腈、丁二烯、苯乙烯的三元共聚物)、玻璃纤维等。

(1)玻璃纤维(聚酯强化的玻璃纤维)。可被浇铸成任意形状,用来建造规则或不规则的水池。这种由几层玻璃纤维和聚酯树脂铸成的水池可以有各种不同的颜色,但需要注意的是其造价较高。

(2)纤维混凝土。纤维混凝土由有机纤维、水泥混合组成,有时候会再加少量的石棉进去,它比水泥要轻,但比玻璃纤维重。纤维混凝土和玻璃纤维一样可以被浇铸成各种形状。但用这种材料建造的水池的样式并不多。

(3)热塑料胶。热塑料胶外壳是由各种化学原料制成的,如聚氯乙烯、聚丙乙烯,应用较广,但寿命有限。

(4)玻璃筋混凝土。这种材料将玻璃纤维与水泥混合,更为坚硬,它替代了以前用树脂与玻璃纤维或水泥与天然纤维混合来制造玻璃纤维外壳的方法,是一种应用很广泛的新型建材,不仅可用于建自然式水池、流水道、预制瀑布等,而且可用于人造岩石,浇铸成板石后,可用于支撑乙烯基的里衬。

四、管材和控制附件

(一)管材

对于室外喷水管,我国常用的管材是镀锌钢管(白铁管)和非镀锌钢管(黑铁管),一般埋地管道管径在 70 mm 以上时用铸铁管。对于屋内工程和小型移动式水景,可采用塑料管(硬聚氯乙烯)。

在采用非镀锌钢管时,必须做防腐处理。防腐的方法,最简单的为刷油法,即先将管道表面除锈,刷防锈漆两遍(如红丹漆等),再刷银粉,如管道需要装饰或标志时,可刷调和漆打底,再加涂所需的色彩油漆。埋于地下的铸铁管,外管一律要刷沥青防腐,明露部分可刷红丹漆和银粉。

(二)控制附件

控制附件用来调节水量、水压和关断水流或改变水流方向。喷水管路常用的控制附件主要有闸阀、截止阀、逆止阀、电磁阀、电动阀、气动阀等。

(1)闸阀:用于隔断水流,控制水流道路的开启和关闭。

(2)截止阀:起调节和隔断管中的水流的作用。

(3)逆止阀:又称单向阀,用来限制水流方向,以防止水的倒流。

(4)电磁阀:由电信号来控制管道通断的阀门,作为喷水工程的自控装置。另外,也可以选择使用电动阀、气动阀来控制管路的通断。

第二节 驳岸与护坡施工

驳岸和护坡是起防护作用的工程构筑物,由基础、墙体、盖顶等组成,修筑时要求坚固和稳定。一般选坚实的大块石料为砌块,也可采用断面加宽的灰土层作为基础,将驳岸筑于其上。驳岸和护坡最好直接建在坚实的土层或岩基上。如果地基疲软,须进行基础处理。

驳岸和护坡每隔一定长度要设有伸缩缝。其构造和填缝材料的选用应力求经济耐用、施工方便。寒冷地区驳岸背水面须进行防冻胀处理,处理方法有:填充级配砂石等多孔隙易滤水的材料;砌筑结构尺寸大的砌体,夯填灰土等坚实、耐压、不透水的材料。

一、施工准备

(1)驳岸与护坡的施工属于特殊的砌体工程,施工时应遵循砌体工程的操作规程与施工验收规范,同时应注意驳岸和护坡的施工必须放干湖水,亦可分段堵截逐一排空。如采用灰土基础以在干旱季节为宜,否则会影响灰土的固结。

（2）为防止冻凝，岸坡应设伸缩缝并兼作沉降缝。伸缩缝要做好防水处理，同时也可采用结合景观的设计使岸坡曲折有度，这样既丰富岸坡的变化，又减少伸缩缝的设置，使岸坡的整体性更强。

（3）为排除地面渗水或地面水在岸墙后的滞留，应考虑设置泄水孔。泄水孔可等距离分布，平均 3~5 m 可设置一处。在孔后可设倒滤层，以防阻塞。

二、驳岸施工

景观工程中的各种水体需要有稳定、美观的岸线，并且陆地与水面应保持一定的比例关系，防止因水岸坍塌而影响水体，因而应在水体的边缘修筑驳岸或进行护坡处理。由于景观工程中驳岸的高度一般不超过 2.5 m，可以根据经验数据来确定各部分的构造尺寸，而省去繁杂的结构计算。驳岸的构造和名称如下。

压顶：驳岸的顶端结构，一般向水面有所悬挑。

墙身：驳岸主体，常用材料为混凝土、毛石、砖等，还可用木板、毛竹板等材料作为临时性的驳岸材料。

基础：驳岸的底层结构，作为承重部分，厚度常为 400 mm，宽度为高度的 3/5~4/5。

垫层：基础的下层，常用材料如矿渣、碎石、碎砖等平整地坪，以保证基础与土层均匀接触。

基础桩：增加驳岸的稳定性，是防止驳岸滑移或倒塌的有效措施，同时也兼具加强地基承载能力的作用，材料可用木桩、灰土桩等。

沉降缝：考虑到墙高不等、墙后土压力和地基沉降不均匀等因素的影响必须设置的断裂缝。

伸缩缝：避免因温度等变化引起破裂而设置的缝。一般 10~25 m 设置一道，宽度一般为 10~20 mm，有时也兼作沉降缝。

浆砌块石基础在施工时石头要砌得密实，缝穴要尽量减少。如有大间隙应以小石填实。灌浆务必饱满，使其渗进石间空隙，北方地区冬季施工可在水泥砂浆中加入 3%~5%（质量分数）的 $CaCl_2$ 或 NaCl 以防冻，使之正常凝固。倾斜的岸坡可用木制边坡样板校正。浆砌块石缝宽 2~3 cm，勾缝可稍高于石面，也可以与石面平齐或凹进石面。块石护岸由下往上铺砌石料。石块要彼此紧贴。用铁锤打掉过于突出的棱角并挤压上面的碎石使其密实地压入土中。铺好后可以在上面行走，测试石块的稳定性。如人在上面行走石头仍保持不动，说明质量达标，否则要用碎石嵌垫石间空隙。

由图 8-1 可见，驳岸可分为低水位以下部分、低水位至常水位部分、常水位至高水位部分和高水位以上部分。高水位以上部分是不淹没部分，主要受风浪撞击和淘刷、日晒风化或超重荷载，致使下部坍塌，造成岸坡损坏。常水位至高水位部分（$B—A$）为周期性淹没部分，多受风浪拍击和周期性冲刷，使水岸土壤遭冲刷淤积水中，损坏岸线，影响景观。低水位至常水位部分（$C—B$）是常年被淹部分，主要受湖水浸渗冻胀，剪力破坏，风浪淘刷。我国北方地区因冬季结冻,常造成岸壁断裂或移位。有时因波浪淘刷,土壤被淘空后导致坍塌。低水位以下部分是驳岸基础,主要影响地基的强度。

1. 按驳岸的造型进行分类

按照驳岸的造型,驳岸可分为规则式驳岸、自然式驳岸和混合式驳岸三种。

规则式驳岸指用块石、砖、混凝土砌筑的具有一定几何形状的岸壁,如常见的重力式驳岸、半重力式驳岸、扶壁式驳岸(如图 8-2 所示)等。规则式驳岸多为永久性的,要求使用较好的砌筑材料和具有较高的施工技术。其特点是简洁规整,但缺少变化。

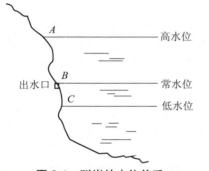

图 8-1　驳岸的水位关系

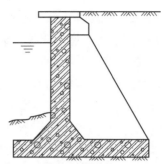

图 8-2　扶壁式驳岸

自然式驳岸是指外观无固定形状或规格的岸壁,如常用的假山石驳岸、卵石驳岸这些驳岸自然堆物,其景观效果好。

混合式驳岸是规则式与自然式驳岸相结合的驳岸造型。一般为毛石岸墙,自然山石岸顶。混合式驳岸易于施工,具有一定的装饰性,适用于地形许可且有一定装饰要求的湖岸。

2. 按驳岸的材料和基础进行分类

按照驳岸的材料和基础,驳岸可分为砌石类驳岸、桩基类驳岸和竹篱或板墙驳岸。

1)砌石类驳岸

砌石类驳岸是指在天然地基上直接砌筑的驳岸,埋设深度不大,但基址坚实稳固。如块石驳岸中的虎皮石驳岸、条石驳岸、假山石驳岸等。此类驳岸的选择应根据基址条件和水景景观要求确定,既可处理成规则式,也可做成自然式。

图 8-3 是砌石类驳岸的常见构造,它由基础、墙身和压顶三部分组成。基础是驳岸的承重部分,通过它将上部重量传给地基。因此,驳岸基础要求坚固,埋入湖底的深度不得小于 50 cm,基础宽度视土壤情况而定,砂砾土为(0.35~0.4)h,砂壤土为 0.45h,湿砂土为(0.5~0.6)h,饱和水壤土为 0.75h(h 为护坡高度)。墙身处于基础与压顶之间,承受压力最大,包括垂直压力、水的水平压力和墙后土壤侧压力。因此,墙身应具有一定的厚度,墙体高度要以最高水位和水面浪高来确定,岸顶应以贴近水面为好,便于游人亲近水面,并显得蓄水丰盈饱满。压顶为驳岸最上部分,宽度为 30~50 cm,用混凝土或大块石做成,其作用是增强驳岸稳定,美化水岸线,阻止墙后土壤流失。图 8-4 所示是重力式驳岸结构尺寸图,与表 8-2 配合使用。

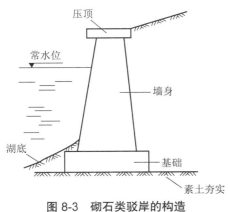

图 8-3　砌石类驳岸的构造

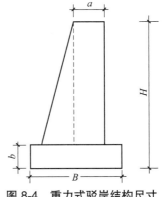

图 8-4　重力式驳岸结构尺寸

表 8-2　常见块石驳岸选用表

单位:cm

H	a	B	b
100	30	40	30
200	50	80	30
250	60	100	50
300	60	120	70
350	60	140	70
400	60	160	70
500	60	200	70

砌石类驳岸施工前应进行现场调查,了解岸线地质及有关情况,作为施工时的参考。施工程序如下。

(1)放线。布点放线应依据设计图上的常水位线,确定驳岸的平面位置,并在基础两侧各加宽 20 cm 放线。

(2)挖槽。一般由人工开挖,工程量较大时采用机械开挖。为了保证施工安全,对需要放坡的地段,应根据规定进行放坡。

(3)夯实地基。开槽后应将地基夯实。遇土层软弱时需进行加固处理。

(4)浇筑基础。一般为块石混凝土,浇筑时应将块石分隔,不得互相靠紧,也不得置于边缘。

(5)砌筑岸墙。浆砌块石岸墙的墙面应平整、美观;砌筑砂浆饱满,勾缝严密。每隔 25~30 m 做伸缩缝,缝宽 3 cm,可用板条、沥青、石棉绳、橡胶、止水带或塑料等防水材料填充。填充时应略低于砌石墙面,缝用水泥砂浆勾满。如果驳岸有高差变化,则应做沉降缝,确保驳岸稳固。驳岸墙体应于水平方向 2~4 m、竖直方向 1~2 m 处预留泄水孔,口径为 120 mm×120 mm,便于排除墙后积水、保护墙体。也可于墙后设置暗沟,填置砂石排除积水。

（6）砌筑压顶。可采用预制混凝土板块压顶，也可采用大块方整石压顶。顶石应向水中至少挑出 5~6 cm，并使顶面高出最高水位 50 cm 为宜。

2）桩基类驳岸

桩基是我国古老的水工基础做法，在水利建设中得到广泛应用，直至现在仍是常用的一种水工地基处理手法。当地基表面为松土层且下层为坚实土层或基岩时最宜用桩基。其特点是：基岩或坚实土层位于松土层下，桩尖打下去，通过桩尖将上部荷载传给下面的基岩或坚实土层；若桩打不到基岩，则利用摩擦桩，借摩擦桩侧表面与泥土间的摩擦力将荷载传到周围的土层中，以达到控制沉陷的目的。

桩基驳岸由桩基、卡裆石、盖桩石、混凝土基础、墙身和压顶等部分组成。卡裆石是桩间填充的石块，起保持木桩稳定的作用。盖桩石为桩顶浆砌的条石，作用是找平桩顶以便浇灌混凝土基础。基础以上部分与砌石类驳岸相同。

3）竹篱或板墙驳岸

竹篱或板墙驳岸是另一种类型的桩基驳岸。驳岸打桩后，基础上部临水面墙身由竹篱（片）或板片镶嵌而成，适于临时性驳岸。其中，竹篱驳岸造价低廉、取材容易、施工简单、工期短，能使用一定年限，凡盛产竹子，如毛竹、大头竹、籁竹、撑篙竹的地方都可采用。施工时，竹桩、竹篱要涂上一层柏油，目的是防腐。竹桩顶端在竹节处截断以防雨水积聚，竹片镶嵌直顺紧密牢固。由于竹篱缝很难做得密实，这种驳岸不耐风浪冲击、淘刷和游船撞击，岸土很容易被风浪淘刷，造成岸篱分开，最终失去护岸功能，因此此类驳岸适用于风浪小、岸壁要求不高、土壤较黏的临时性护岸地段。

三、护坡施工

护坡在景观工程中得到广泛应用，原因在于水体的自然缓坡能产生自然、亲水的效果。护坡方法的选择应依据岸坡用途、构景透视效果、水岸地质状况和水流冲刷程度而定。护坡不允许土壤从护面石下面流失。为此应设过滤层，并且护坡应预留排水孔，每隔 25 m 左右做 1 个伸缩缝。

对于小水面，当坡面高度在 1 m 左右时，护坡的做法比较简单，也可以用大卵石等作为护坡，以表现海滩等风光。当水面较大，坡面较高，一般在 2 m 以上时，则护坡要求较高，多用砌块石，用 M7.5 水泥砂浆勾缝。压顶石用 MU20 砌块石，坡脚石一定要设于湖底下。

石料要求相对密度大、吸水率小。先整理岸坡，选用 10~25 cm 直径的块石，最好是边长比为 1:2 的长方形石料，块石护坡还应有足够的透水性，以防止土壤从护坡上面流失。这就需要块石下面设倒滤层垫底，并在护坡坡脚设挡板。

（一）铺石护坡

当岸坡较陡，风浪较大或造景需要时，可采用铺石护坡，如图 8-5 所示。铺石护坡由于施工容易、抗冲刷性强、经久耐用、护岸效果好，还能因地造景、灵活随意，是景观工程中常见的护坡形式。

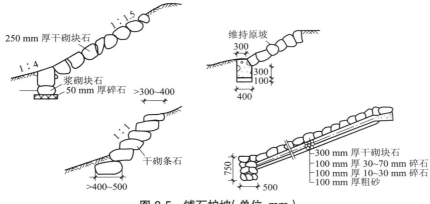

图 8-5 铺石护坡(单位:mm)

护坡石料要求吸水率低(不超过 1%)、密度大(大于 2 t/m³)和抗冻性较强,常用石灰岩、砂岩、花岗石等岩石,以块径为 18~25 cm,长宽比为 1:2 的长方形石料为宜。

铺石护坡的坡面应根据水位和土壤状况确定,一般常水位以下部分坡面的坡度小于 1:4,常水位以上部分采用 1:1.5~1:5。

施工方法如下。首先把岸坡平整好,并在最下部挖一条梯形沟槽,沟宽 40~50 cm、深 50~60 cm,铺石以前先将垫层铺好,垫层的卵石或碎石要求大小一致,厚度均匀,铺石时由下至上铺设,下部要选用大块的石料,以增加护坡的稳定性。铺石时将石块摆成"丁"字形。与岸坡平行,一行一行往上铺,石块与石块之间要紧密相贴,如有突出的棱角,应用铁锤将其敲掉。铺石后检查一下质量,即当人在铺石上行走时铺石是否会移动,如果未移动,则施工质量符合要求。接着用碎石嵌补铺石缝隙,再将铺石夯实即可完成。

(二)灌木护坡

灌木护坡较适于大水面平缓的岸坡。由于灌木有韧性,根系盘结,不怕水淹,能削弱风浪冲击力,减少地表冲刷,因而护岸效果较好。护坡灌木要具备速生、根系发达、耐水湿、株矮常绿等特点,可选择沼生植物护坡。施工时可直播,可植苗,但要求较大的种植密度。若景观需要强化天际线变化,可适量种植草和乔木,如图 8-6 所示。

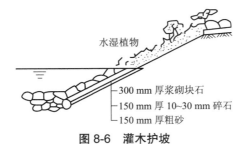

图 8-6 灌木护坡

(三)草皮护坡

草皮护坡适于坡度为 1:5~1:20 的湖岸缓坡。护坡草要求耐水湿,根系发达,生长快,生存力强,如假俭草、狗牙根等。护坡做法按坡面具体条件而定,如果原坡面有杂草生长,可直接利用杂草护坡,但要求其美观。也可直接在坡面上播草种,加盖塑料薄膜,如图 8-7 所示在正方砖、六角砖上种草,然后用竹签四角固定作为护坡。最为常见的是块状或带状种草护坡,铺草时沿坡面自下而上呈网状铺草,用木方条分隔固定,稍加压踩。若要增加景观层次,丰富地貌,加强透视感,可在草地散置山石,配以花灌木。

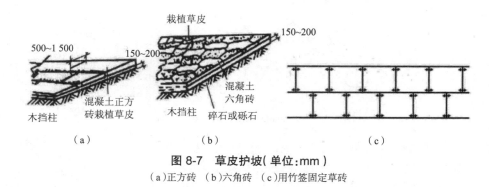

图 8-7　草皮护坡(单位:mm)
(a)正方砖　(b)六角砖　(c)用竹签固定草砖

第三节　水景工程施工

一、人工湖

人工湖是人工依地势就地挖凿而成的水域,沿岸因境设景、自成天然图画。湖的特点是水面宽阔平静,具平远开朗之感。除此之外,湖往往有一定水深而利于水产养殖,还有较好的湖岸线和周边的天际线,"碧波万顷、鱼鸥点水、白帆浮动"是湖的特色描绘。

(一)人工湖布局要领

(1)湖的布置应充分利用湖的水景特色。无论天然湖抑或人工湖,大多依山畔水,岸线曲折有致。

(2)湖岸处理要讲究线形艺术,有凹有凸,不宜呈直角、对称、圆弧、螺旋线、直线等形式。湖面忌"一览无余",应采取多种手法组织湖面空间。可通过岛、堤、桥、舫等形成阴阳虚实、湖岛相间的空间分隔,使湖面富于层次变化。同时,岸顶应有高低错落的变化,水位宜高,蓄水丰满,水面应接近岸边游人,湖水盈盈、碧波荡漾,易于使人产生亲切之感。

(3)开挖人工湖要视基址情况巧妙布置。湖的基址宜选择在土质细密、土层厚实之地,不宜选择过于黏质或渗透性大的土质为湖址。当渗透力大于 0.009 m/s 时,必须采取工程措施设置防漏层。

(二)人工湖施工要点

(1)按设计图样确定土方量,按设计线形定点放线。放线可用石灰、黄沙等材料。

（2）沿湖池外缘15~30 cm打一圈木桩,第一根桩为基准桩,其他桩皆以此为准。基准桩即湖体的池缘高度。桩打好后,注意保护好标志桩、基准桩,并预先准备好开挖方向和土方堆积方法。

（3）考察基址渗漏状况。好的湖底全年水量损失占水体体积的5%~10%,一般湖底为10%~20%,较差的湖底为20%~40%,以此制定施工方法和工程措施。

（4）湖底做法应因地制宜,常见的有灰土湖底、塑料薄膜湖底和混凝土湖底等。其中灰土做法适于大面积湖体,混凝土湖底适于极小的湖池。

（5）湖体施工排水,施工时可用多台水泵排水,也可通过梯级排水沟排水。通常用15 cm厚的碎石层铺设整个湖底,上面再铺5~7 cm厚的沙子。同时要注意开挖岸线的稳定性,必要时用块石或竹木支撑保护,最好做到护坡或驳岸同步施工。

二、溪涧

溪涧是自然界溪流（河）的艺术再现,是连续的带状动态水体。溪浅而阔,水沿滩泛漫而下,轻松愉快,柔和随意;涧深而窄,水量充沛,水流急湍,扣人心弦。溪涧的一些基本特点如下:溪涧曲折狭长的带状水面,有明显的宽窄对比,溪中常分布汀步、小桥、滩地、点石等,且有随流水走向的若隐若现的小路。

自然界中的溪流多是在瀑布或涌泉下游形成的,上通水源,下达水体,溪岸高低错落,流水清澈晶莹,且多有散石净沙,绿草翠树,能很好地体现水的姿态和声响。如贵州花溪,两山狭崎、山环水绕、水清山秀、流水叮咚。再如江西井冈山龙潭溪,飞瀑之下为曲曲溪流,游览小石路蜿蜒相通,两岸错落有致,玲珑青翠,水溅溪石,游鱼隐现,景色宜人。

由于地形条件的限制,平坦基址设计溪涧有一定难度,但通过一定的工程措施也可再现自然溪流,且不乏佳例。例如颐和园的后溪景区,它通过带状水面将分散的景点连贯于一体,强烈的宽窄对比,不同的空间交替,幽深曲折,形成忽开忽合、时收时放的节奏变化。再如北京双秀公园竹溪引胜水池与小溪结合的水景,小溪从山腰处山石中跌宕而下,曲折蜿蜒于平地,溪岸山石点置,溪间架桥建亭构景,溪底铺卵石净沙,岸边连翘、榆叶梅、碧桃相间配植,整条小溪精巧玲珑、清秀多姿。又如北京首钢月季园根据地形条件设计了涌泉、瀑布,经小溪至水体（金鱼池）,整个水景组合一气呵成。除此之外,无锡寄畅园的八音涧、颐和园谐趣园内的玉琴峡等也都是人工理水的范作。

溪涧的布置讲究师法自然,忌宽求窄、忌直求曲。平面上要求蜿蜒曲折,对比强烈;立面上要求有缓有陡,空间分隔开合有序。整个带状游览空间层次分明、组合合理、富于节奏感。

布置溪涧,宜选陡石之地,充分利用水姿、水色和水声。通过在溪水中散点山石创造水的流态;配植沉水植物,养殖红鲤可赏水色;布置跌水可听其声。无锡寄畅园的八音涧水形多变、水声悦耳,正是这师法造化的典型。

（一）溪道放线

依据已确定的小溪设计图纸,用石灰、黄沙或绳子等在地面上勾画出小溪的轮廓,同时确定小溪循环用水的出水口和下游蓄水池间的管线走向,然后在所画轮廓上定点打桩,且在弯道处加密打桩,并利用塑料水管、水平仪等工具标注相应的设计高程,对变坡点要进行特殊标记。

(二)溪道开挖

溪道最好挖掘成 U 形坑,开挖时要求有足够的宽度和深度,以便于放置岩石和种植植物。分段的溪流在落入下一段之前应有 7~10 cm 的深度,这样才能确保流水在周围地平面以下。同时,每一段溪流最前面的深度都要深些,以确保小溪的自然。溪道挖好后,必须将溪底基土夯实,溪壁拍实。

(三)溪底施工

根据实际情况可选择混凝土结构和柔性结构。混凝土结构溪底现浇混凝土 10~15 cm 厚(北方地区可适当加厚),并用粗铁丝或钢筋加固混凝土。现浇须在一天内完成,且必须一次浇筑完毕。如果小溪较小,水又浅,溪基土质良好,可采用柔性结构,直接在夯实的溪道上铺一层 2.5~5 cm 厚的沙子,再将衬垫薄膜盖上。衬垫薄膜纵向的搭接长度不得小于 30 cm,留于溪岸的宽度不得小于 20 cm,并用砖、石等重物压紧,最后用水泥砂浆把石块直接粘在衬垫薄膜上。

(四)溪壁施工

溪壁可用大卵石、砾石、石料等铺砌处理。一种称为"背涂"的工艺在创造自然效果方面非常有效,即顺着小溪的边缘,做一层 5 cm 厚的砂浆层,把石块轻轻地推入砂浆层中,再用砌刀把砂浆向上抹到石块的后面,继续把石块放置到第一排上。当第一道砂浆变硬而能够承重时,再顺着第一道砂浆顶部的后缘涂第二道砂浆层,然后像前面一样把石块放进第二层砂浆层中。注意尽可能混杂使用不同大小的石块,以免造成那种"砌长城"一样的效果。

(五)溪道装饰

为使溪流自然有趣,可将较小的鹅卵石铺垫在溪床上,使水面产生轻柔的涟漪。同时在小溪边或溪水中分散栽植沼生、耐阴的地被植物,为溪流增加野趣。

三、瀑布

瀑布属动态水体,有天然瀑布和人工瀑布之分。天然瀑布是由于河床突然陡降形成落水高差,水经陡坎跌落,如布帛悬挂空中,形成千姿百态、优美动人的壮观景色。人工瀑布是以天然瀑布为蓝本,通过工程手段而修建的落水景观。在瀑布设计时为了说明瀑布落差与瀑面宽度的关系而将瀑布分成水平瀑布和垂直瀑布两类。前者瀑面宽度大于瀑布落差,后者瀑面宽度小于瀑布落差。

(一)瀑布水源

瀑布施工的首要问题是瀑布给水,方法必须为其提供足够的水源。瀑布的给水办法有以下三种。

(1)利用天然地形的水位差,这种方法要求建园范围内有泉水、溪、河道。

（2）直接利用城市自来水,用后排走,此方法投资成本高。

（3）水泵循环供水,是较经济的一种给水方法。

不论采用何种办法均要提供一定的供水量,据经验,高 2 m 的瀑布,每米宽度流量为 0.5 m³/s 较适宜。

（二）周围环境

瀑布施工就景观来说,不在其大小,而在于其是否具备天然情趣,即所谓"在乎神而不在乎形"。因此,瀑布设计要与环境相协调,瀑身要注意水态景观,要依瀑布所在环境的特殊情况、空间气氛、欣赏距离等选择瀑布的造型。不宜将瀑布落水进行等高、等距或直线排列,要使流水曲折、分层分段地流下,各级落水有高有低。各种灰浆修补、石头接缝要隐蔽,不露痕迹。有时可根据环境需要,利用山石、树丛将瀑布泉源遮蔽起来以求自然之趣。

（三）落水口处理

为保证瀑布效果,要求落水口水平光滑。因此,要重视落水口的设计与施工,以下三种方法能保证落水口有较好的出水效果。

（1）落水口边缘采用青铜或不锈钢制作。

（2）增加堰口顶蓄水池水深。

（3）在出水管口处加挡水板,降低流速,流速不超过 0.9 m/s 为宜。

（四）瀑布承水潭

瀑布承水潭宽度至少应是瀑布高的 2/3,以防水花溅出,且保证落水点位于池的最深部位。

（五）保证不露水

就结构而言,凡瀑布流经的岩石缝隙都必须封死,以免将泥土冲刷至潭中,影响瀑布水质。

四、跌水

跌水是自然界的落水现象之一,它既是防止水冲刷下游的重要工程设施,又是连续落水的组景手段,因而跌水选址是坡面陡峻、易被冲刷或景致需要的地方。

跌水的施工要点如下。

（1）跌水供水管、排水管应蔽而不露。跌水多布置于水源源头,往往与泉结合,水量较瀑布小。

（2）根据水量确定跌水形式:水量大,落差单一,可选择单级跌水;水量小,地形具有台阶状落差,可选多级跌水。单级跌水的消力池即承水池,要有一定厚度,一般认为,当流量为 2 m³/s,墙高大于 2 m 时,底厚 50 cm 为宜。消力池长度也有一定要求,其长度应为跌水高度的 1.4 倍。连接消力池的溪流应根据环境条件进行设计。二级跌水的水流量较单级跌水小,故下级消力池底厚度可适当减小。多级跌水一般水流量较小,因而各级均可设置消力池。

（3）布置跌水首先应分析地形条件，重点着眼于地势高差变化、水源水量情况和周围景观空间等。

（4）利用环境，综合造景。跌水应结合泉、溪涧、水池等其他水景综合考虑，并注意利用山石、树木、藤萝隐蔽供水管、排水管，增加自然气息，丰富立面层次。

五、喷泉

（一）总体安装施工程序

由于喷泉设备的安装需在施工现场进行，且为露天作业，所以对于管道、电气、水下灯等设施，凡有条件均应采取提前预制加工的方法，这是确保工程进度和工程质量的关键。

（二）喷泉管道布置要点

喷泉管网主要由输水管、配水管、补给水管、溢水管和泄水管等组成。现将布置要点简述如下。

（1）管道地埋敷设。在小型喷泉中，管道可直接埋在土中。在大型喷泉中，如管道多而且复杂时，应将主要管道敷设在能通行人的渠道中，在喷泉的底座下设检查井。只有那些非主要的管道，才可直接敷设在结构物中，或置于水池内。

（2）环形十字供水网。为了使喷泉获得等高的射流，喷泉配水管网多采用环形十字供水网。

（3）补水管的设置。由于喷水池内水的蒸发和在喷射过程中一部分水被风吹走等会造成喷水池内水量的损失，因此在水池中应设补给水管，补给水管和城市给水管连接，管上设浮球阀或液位继电器，随时补充池内水量，以保持水位稳定。

（4）溢水管的设置。为了防止降雨使池水上涨造成溢流，在池内应设溢水管，直通城市雨水井，并应有不小于3%的坡度，在溢水口外应设拦污栅。

（5）泄水管的设置。为了便于清洗和在不使用喷泉的季节把池水全部放完，水池底部应设泄水管，直通城市雨水井，也可结合绿地喷灌或地面洒水另行设计。

（6）管道坡度要求。在寒冷地区，为防止冬季冻害，所有管道均应有一定坡度。一般不小于2%，以便冬季将管内的水全部排出。

（7）保持射流的稳定。连接喷头的水管不能有急剧的变化。如有变化，必须使水管管径逐渐由小变大，并且在连接喷头前必须有一段适当长度的直管，一般不小于喷头直径的20倍，以保持射流的稳定。

（8）调节设备的配套。每个或每一组具有相同高度的射流，都应有自己的调节设备。通常用阀门或整流圈来调节流量和水头。

（三）主要工艺流程

1. 预制和加工主要工艺流程

（1）预制管道：放样画线→切割下料→钢管弯曲→主管打孔→立管套丝→泵口加工→

焊接立管→焊接法兰→一次清洗→二次镀锌→运往施工现场。

（2）喷头加工：熔铜→铸造→车床车削→抛光处理→防腐处理→合格入库。

（3）控制设备：元件检测→线路板焊接→整板调试→组件安装→整机调试→老化试验→合格入库。

（4）配电设备：机箱加工→电气设备安装与连线→合格出厂。

2. 现场设备安装主要工艺流程

（1）管路和设备安装：管路拼装→水泵固定→检漏试验→二次清洗→系统接驳→管道二次防腐处理→系统调试。

（2）灯光安装：灯具定位→灯具接线→系统检测调试。

（3）电缆的铺设和防水连接：泵、灯接线按图纸规定走线→连接接线盒→泵灯按图编号→电缆沿电缆沟铺设到控制室→系统调试。

（4）配电控制设备安装：控制和配电设备在控制室按图就位→按线缆编号→将负载设备接入控制设备的相应端子→电控柜接零线→线路、电气设备检查绝缘。

（5）系统调试：系统安装完成后，进行系统调试。

系统调试前的准备：①清洁水池，并将水池注水至正常水位；②清扫机房室内卫生和清洁设备外壳和柜（箱）内杂物；③对电气设备进行干燥处理；④检查系统流程安装是否完全正确；⑤对电气设备进行单机试运行。

系统调试流程如下。

①检查所有阀门：打开所有控制阀门，关闭所有排水通道的阀门。检查所有喷嘴是否安装到位，并查看喷嘴有无堵塞等不良状况。按流程图和管道施工图查看管道安装情况，有无脱裂、变形等有可能导致漏水、压力损失的问题。

②单机调试：按电气原理图和电控柜二次接线图仔细查看水泵、水下灯、变频器、程控器接线是否准确无误。在确认水泵有工作水源的情况下，单机手动开启调试（在某一台水泵单机调试时，关闭其他所有用电设备的电源，以免引起连锁破坏）。水泵运转后，根据出水状况查看水泵有无反转、噪声等不良状况。

③所有水泵手动开启：在每台水泵都单机调试过后，将所有水泵一并开启（注：此时应关闭控制回路，以防意外），查看喷泉的喷水效果。

④变频器单台手动调试：根据每台变频器所连水泵电机的参数，对每台变频器进行参数设置，并根据每台变频器的工作要求设置好所有参数。参数设置好后，对每组变频器的相应水泵进行单组手动调试。

⑤对所有变频器的相应水泵手动开机，查看喷水效果和各设备运转情况。

⑥整体试机运行：将变频器、水泵等全部调至自动控制，让程控器运行，查看整个喷泉的运转情况。

⑦调整阀门大小和频率高低：根据喷泉的各式喷嘴的喷水高低和效果要求调整阀门和变频器频率大小，使相关水形高度一致，形状大小达到设计要求。

⑧根据设计要求和程序，进行最终效果调试，调整相关的时间长短控制和各喷嘴变换程序的穿插，以使水形和整个喷泉效果达到最佳状态。

六、临时水景

在重要的节日、会展等场合,有时会临时布置一些水景。临时水景的形式常采用中、小型喷泉,其水池和管路均为临时布设,材料的选择一般没有特殊要求,可根据条件选用一些废余料或代用品,但要保证工作可靠、安全。

1. 定位放线

用皮尺、测绳等在现场测出水池位置和形状,用灰粉或粉笔标明。

2. 池壁施工

根据水池造型、场地条件和使用情况,池壁材料可使用土、石、砖等,或堆或叠或砌,也可用泡沫制作。

3. 防水层施工

根据使用情况和防水要求,防水层可做成单层或双层。单层直接铺贴于水池表面;双层先铺底层,其上铺 5~10 cm 厚的黄土作为垫层,再铺表层。防水层由池内绕过池壁至池外后用土或砖压牢。注意防水层与池底和池壁需密贴,不得架空。防水层尺寸不足时可用 502 胶接长。

4. 管线装配

常用国标镀锌钢管和管件。一般先在池外进行部分安装,部分水平管,尽可能多的三通、四通、弯头、堵头等可事先进行局部连接,以减少池内的安装量。竖管和调节阀门也宜事先接好。

5. 管线组装与就位

局部安装完成后可移入池内进行最后组装。组装时动作要谨慎,避免损伤防水层。调整水泵位置和高度,并与组装好的管道连接。

6. 充水

对于带有泵坑的水池,可分两次进行,先少量充水,然后试喷。较低的水位方便工作人员安装喷头和进行调试操作。但水量最少也要保证水泵在工作时处于被淹没状态。最后充水至设计水位。

7. 冲洗和喷头安装

充水后首先启动水泵 1~3 min,把管路中的泥沙和杂物冲洗干净,然后安装喷头。

8. 试喷与调试

试喷启动后主要观察各喷头的工作情况。若发现有喷洒水型、喷射角度和方向、水压、射程等存在问题,应停机进行修正和调节。

9. 装饰

为了掩饰防水层,通常需要在池壁顶部和外侧用盆花、置石等进行装饰。

10. 成品保护

铺贴防水层应小心谨慎防止其破损,管道系统的最后组装、就位和调试要注意保护防水层。此外,还要重点做好临时水景供电线路的保护工作,防止漏电、触电事故发生。

第九章　园路与广场工程

第一节　园路铺装施工

一、施工准备工作

施工准备工作必须综合现场施工情况,考虑流水作业,做到有条不紊。否则会在开工后造成人力、物力的浪费,甚至导致施工停歇。

施工准备一般包括技术准备、物资准备、施工组织准备、现场准备等,有的必须在开工前完成,有的则可贯穿在施工过程中进行。

(一)技术准备

(1)做好现场调查工作。现场调查工作主要包括两个方面,即底层土质情况调查以及各种物资资源和技术条件调查。

(2)做好与设计的结合、配合工作。会同建设单位、监理单位引测轴线定位点、标高控制点以及对原结构进行放线复核。

①熟悉施工图。全面熟悉和掌握施工图的全部内容,领会设计意图,检查各专业之间的预埋管道、管线的尺寸、位置、埋深等是否统一或遗漏,提出施工图疑问和有利于施工的合理化建议。

②进行技术交底。工程开工前,技术部门组织施工人员、质安人员、班组长进行交底,针对施工的关键部位、施工难点以及质量与安全要求、操作要点和注意事项等进行全面交底,各班组长接受交底后组织操作工人认真学习,并要求落实在各施工环节。

③及时提供现场所需材料。根据现场施工进度的要求及时提供现场所需材料,以免因为材料短缺而导致停工。

(二)物资准备

根据施工进度的安排和需要量,组织物资分期分批进场,按规定的地点和方式进行堆放。物资进场后,应按规定对物资进行试验和检验。

(三)施工组织准备

施工组织准备主要包括四个方面:①建立健全现场施工管理体制;②现场设施布置应合

理、具体、适当;③制定劳动力组织计划表;④制定主要机构计划表。

(四)现场准备

现场准备工作的快慢,会直接影响工程质量和施工进展。现场开工前应做好以下主要工作。

(1)修建房屋(临时工棚)。按施工计划确定修建房屋数量或工棚的建筑面积。

(2)场地清理。在园路工程涉及的范围内,凡是影响施工进行的地上、地下物均应在开工前进行清理,对于保留的大树应确定保护措施。

(3)便道、便桥。凡施工路线,均应在路面工程开工前做好维持通车的便道、便桥和施工车辆通行的便道、便桥(如通往料场、搅拌站地的便道)。

(4)备料。现场备料多指自采材料的组织运输和收料堆放,但外购材料的调运和贮存工作也不能忽视。一般开工前进场材料应达70%以上。如果有运输能力,运输道路畅通,在不影响施工的条件下可随用随运。自采材料的备置堆放,应根据路面结构、施工方法和材料性质而定。

(五)绘制图案

绘制图案是用木桩定出铺装图案的形状,调整好相互之间的距离,并将其固定,然后用铁锹切割出铺装图案的形状,开挖过程中尽可能保证基土的平整。

(六)平整场地

勾勒出图案的边线后,用耙子平整场地,在此过程中还要在平整的场地上放置一块木板,将水准仪放在上面。

二、路基施工

(一)测量放样

1. 造型复测和固定

(1)复测并固定造型和各主要控制点,恢复丢失的控制桩。

(2)复测并固定为间接测量所布设的控制点,如三角点、导线点等桩。

(3)当路线的主要控制点在施工中有被挖掉或埋掉的可能时,则视当地地形条件和地物情况采用有效的方法进行固定。

2. 路线高程复测

控制桩测好后,马上对路线各点均匀地进行水平测量,以复测原水准基点标高和控制点地面标高。

3. 路基放样

(1)根据设计图表定出各路线中桩的路基边缘、路堤坡脚和路堑坡顶、边沟等具体位置,定出路基轮廓。根据分幅施工的宽度,进行分幅标记,并测出地面标高。

(2)路基放样时,在填土没有进行压实前,考虑预加沉落度,同时考虑修筑路面的路基标高校正值。

（3）路基边桩位置可根据横断面图量得,并根据填挖高度和边坡坡度实地测量校核。

（4）为标出边坡位置,在放完边桩后进行边坡放样。采用麻绳竹竿挂线法结合坡度样板法,并在放样中考虑预加沉落度。

（5）机械施工中,设置牢固而明显的填挖土石方标志,施工中随时检查,发现被碰倒或丢失立即扶起或补上。

（二）挖方

根据测放出的高程,使用挖土机械挖除路基面以上的土方,一部分土方经检验合格用于填方,余土运至有关单位指定的弃土场。

（三）填筑

填筑材料利用路基开挖出的可用作填方的土、石等适用材料。作为填筑的材料,应先进行试验,并将试验报告及其施工方案提交监理工程师批准。其中路基采用水平分层填筑,层厚不超过 30 cm,水平方向逐层向上填筑,并形成 2%~4%的横坡以利排水。

（四）碾压

采用振动压路机碾压,碾压时横向接头的轮迹,重叠宽度为 40~50 cm,前后相邻两区段纵向重叠 1~1.5 m,碾压时做到无漏压、无死角并确保碾压均匀。碾压时,先压边缘,后压中间;先轻压,后重压。填土层在压实前应先整平,并应形成 2%~4%的横坡。当路堤铺筑到结构物附近的地方,或铺筑到无法采用压路机压实的地方时,使用人工夯锤予以夯实。

三、块石、碎石垫层施工

（一）准备与施工测量

施工前对下基层按质量验收标准进行验收之后,恢复控制线,直线段每 20 m 设一桩,平曲线段每 10 m 设一桩,并在造型两侧边缘 0.3~0.5 m 处设标志桩,在标志桩上用红漆标出底基层边缘设计标高和松铺厚度的位置。

（二）摊铺

（1）碎石内不应含有有机杂质。碎石粒径不应大于 40 mm,粒径在 5 mm 及以下的不得超过总体积的 40%;块石应选用强度均匀、级配适当和未风化的石料。

（2）块石垫层采用人工摊铺,碎石垫层采用铲车摊铺、人工整平。

（3）必须保证摊铺人员的数量,以保证施工的连续性并保证摊铺速度。

（4）人工摊铺填筑填块石大面向下,小面向上,摆平放稳,再用小石块找平,石屑塞填,最后人工压实。

（5）碎石垫层分层铺完后用平板振动器振实,采用一夯压半夯、全面夯实的方法,做到层层夯实。

四、水泥稳定碎石施工

(一)材料要求

（1）碎石：骨料的最大粒径不应超过 30 mm，骨料的压碎值不应大于 20%，硅酸盐含量不宜超过 0.25%。

（2）水泥：采用普通硅酸盐水泥或矿渣硅酸盐水泥，强度等级为 32.5 级。

(二)配合比设计

1. 一般规定

根据水泥稳定碎石的标准，确定必需的水泥剂量和混合料的最佳含水量，在需要改善土的颗粒组成时，还包括掺加料的比例。

2. 原材料试验

（1）施工前，进行颗粒分析试验、液限和塑性指数试验、相对密度试验、重型击实试验和碎石压碎值试验。

（2）检测水泥的强度等级和初凝、终凝时间。

(三)工艺流程

水泥稳定碎石施工流程为：测量放样→准备下承层→拌和→运输→摊铺→初压→标高复测→补整→终压→养生→试验。

（1）测量放样。按 20 m 一个断面恢复道路中心桩、边桩，并在桩上标出基层的松铺高程和设计高程。

（2）准备下承层。施工前，对路基进行清扫，然后用振动压路机碾压 3~4 遍，如发现土过干、表面松散，适当洒水；如土过湿，发生弹簧现象，采取开窗换填砂砾的办法处理。上基层施工前，对下基层进行清扫，并洒水湿润。

（3）拌和。稳定料的拌和常设在砂石场，料场内的砂、石分区堆放，并设有地磅，每天开始拌和前，按配合比要求对水泥、骨料的用量准确调试，特别是根据天气变化情况，测定骨料的自然含水量，以调整拌和用水量。拌和时确保足够的拌和时间，使稳定料拌和均匀。

（4）运输。施工时配备足够的运输车辆，并保持道路畅通，使稳定料尽快运至摊铺现场。

（5）摊铺。机动车道基层、非机动车道基层采用人工摊铺。摊铺时严格控制好松铺数，人工实时对缺料区域进行补整和修边。

（6）压实（初压、标高复测、补整、终压）。摊铺一小段后（时间不超过 3 h），用 15 t 的振动压路机静压两遍、振压两遍后暂时停止碾压，测量人员立即进行高程测量复核，将标高超过设计标高 1 cm 或低于 0.5 cm 的部位立即进行找补，找补完毕后用压路机进行振动碾压。碾压时按由边至中、由低至高、由弱至强、重叠 1/3 轮宽的原则碾压，在规定的时间内（不超过 4 h）碾压到设计压度，并无明显轮迹时停止。碾压时，严禁压路机在基层上调头或起步时速度过大，碾压轮胎朝正在摊铺的方向。

（7）养生。稳定料碾压后 4 h 内,用经水浸泡透的麻袋严密覆盖进行养护,8 h 后再用自来水浇灌养护 7 d 以上,并始终保持麻袋湿润。稳定料终凝之前,严禁用水直接冲刷基层表面,避免表面浮砂损坏。

（8）试验。混合料送至现场 0.5 h 内,在监理的监督下,抽取一部分送到业主指定或认可的试验室,进行无侧限抗压强度和水泥剂量试验。压实度试验一般采用灌砂法,在压实后 12 h 内进行。

五、混凝土路面施工

（一）施工流程

混凝土路面施工流程如图 9-1 所示。

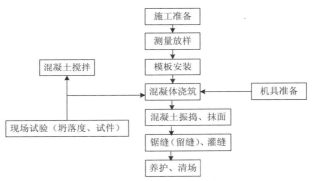

图 9-1　混凝土路面施工流程

（二）模板安装

混凝土施工使用钢模板,模板长 3 m,高 10 cm。钢模板应确保无缺损,有足够的刚度,内侧和顶、底面均应光洁、平整、顺直,局部变形不得大于 3 mm。振捣时模板横向最大挠曲应小于 4 mm,高度与混凝土路面板厚度一致,误差不超过 ±2 mm。

立模的平面位置和高程符合设计要求,支立稳固准确,接头紧密而无离缝、前后错位和高低不平等现象。模板接头处和模板与基层相接处均不能漏浆。清洁模板内侧并涂刷隔离剂,支模时用 $\phi18$ mm 螺纹钢筋打入基层进行固定,外侧螺纹钢筋与模板要靠紧,如个别地方有空隙可加木块,并固定在模板上,如图 9-2 所示。

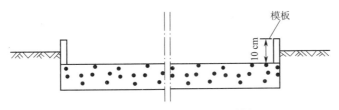

图 9-2　两侧加设 10 cm 高的模板

（三）原材料、配合比、搅拌要求

混凝土浇筑前，将到场原材料送检测单位检验并进行配合比设计，设计的配合比应满足设计抗压、抗折强度，符合耐磨、耐久以及混凝土拌和物和易性能等要求。混凝土采用现场强制式机械搅拌，并有备用搅拌机，按照设计配合比拟定每机的拌和量。拌和过程应做到以下几点要求。

（1）砂、碎石必须过磅并满足施工配合比要求。

（2）检查水泥质量，不能使用结块、硬化、变质的水泥。

（3）用水量须严格控制，安排专门的技术人员负责。

（4）原材料按质量计的允许误差要求为：水泥，不超过 ±1%；砂、碎石，不超过 ±3%；水，不超过 ±1%（外加剂，不超过 ±2%）。

（5）混凝土的坍落度控制在 14~16 cm，每槽混凝土搅拌时间控制在 90~120 s。

（四）混凝土运输和振捣

（1）施工前检查模板位置、高程、支设是否稳固和基层是否平整润湿，模板是否涂遍脱模剂等，合格后方可进行混凝土施工。泵送混凝土为主，人工运输为辅。

（2）混凝土的运输摊铺、振捣、整平、做面应连续进行，不得中断。如因故中断，应设置施工缝，并设在设计规定的接缝位置。

（3）摊铺混凝土后，应随即用插入式和平板式振动器均匀振实。混凝土灌注高度应与模板相同；振捣时先用插入式振动器振混凝土板壁边缘，边角处初振或全面顺序初振一次。同一位置振动时不宜少于 20 s。

（4）插入式振动器移动的间距不宜大于其作用半径的 1.5 倍，其至模板的距离应不大于作用半径的 1/2，并应避免碰撞模板，然后再用平板振动器全面振捣。同一位置的振捣时间以不再冒出气泡并流出水泥砂浆为准。

（5）混凝土全面振捣后，再用平板振动器进一步拖拉振实并初步整平。振动器往返拖拉 2~3 遍，移动速度要缓慢均匀，不许中途停顿，前进速度以每分钟 1.2~1.5 m 为宜。凡有不平之处，应及时辅以人工挖填补平。

（6）最后用无缝钢管滚筒进一步滚推表面，使表面进一步提浆均匀调平，振捣完成后进行抹面。抹面一般分两次进行：第一次在整平后随即进行，驱除泌水并压下石子；第二次抹面须在混凝土泌水基本结束，处于初凝状态但表面尚湿润时进行。

（7）用 3 m 直尺检查混凝土表面，抹平后沿横方向拉毛或用压纹器刻纹，使路面混凝土有粗糙的纹理表面。施工缝处理严格按设计施工。

（8）混凝土板面完毕后应及时养护，养护采用湿草包覆盖养生，养护期不少于 7 d。混凝土拆模要注意掌握好时间（24 h 后），一般以既不损坏混凝土，又能兼顾模板周转使用为准，可视现场气温和混凝土强度增长情况而定，必要时可进行试拆试验确定。拆模时操作要细致，不能损坏混凝土板的边、角。

（五）施工缝处理

（1）混凝土面层施工缝应严格按照设计要求进行施工。

（2）面层锯缝应及时,在混凝土硬结后尽早进行,宜在混凝土强度达到 5~10 MPa 时进行,也可以由现场试锯确定,特别是在天气温度骤变时不可拖延,但也不能过早,过早会导致粗骨料从砂浆中脱落。

（3）混凝土面层填缝采用灌入式填缝施工,并应符合下列规定。

①灌注填缝料必须在缝槽干燥状态下进行,填缝料应与混凝土缝壁黏附紧密不渗水。

②填缝料的灌注深度宜为 3~4 cm。当缝槽大于 3~4 cm 时,可填入多孔柔性衬底材料。填缝料的灌注高度,夏天宜与板面持平,冬天宜稍低于板面。

③热灌填缝料加热时,应不断搅拌均匀,直至规定温度。当气温较低时,应用喷灯加热缝壁。施工完毕,应仔细检查填缝料与缝壁黏结情况,如有脱开处,应用喷灯小火烘烤,使其黏结紧密。

六、沥青路面施工

（一）施工流程

沥青路面施工流程如图 9-3 所示。

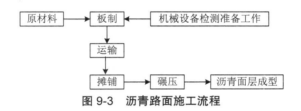

图 9-3　沥青路面施工流程

（二）下封层施工

（1）认真按验收规范对基层严格验收,如果发现不合要求的地段应进行处理,认真对基层进行清扫,并用森林灭火器吹干净。

（2）在摊铺前对全体施工技术人员进行技术交底,明确职责,责任到人,使每个施工人员都对自己的工作心中有数。

（3）采用车载式洒布机进行下封层施工。

（三）沥青混合料的拌和

沥青混合料由间隙式拌和机拌制,骨料加热温度控制为 175~190 ℃,之后由热料提升斗运至振动筛,经 33.5 mm、19 mm、13.2 mm、5 mm 四种不同规格筛网筛分后储存到五个热矿仓中。沥青采用导热油加热至 160~170 ℃,五种热料与矿粉和沥青用料经生产配合比设计确定,最后吹入矿粉进行拌和,直至沥青混合料均匀一致,所有矿料颗粒全部裹覆沥青,结合料无花料、无结团或块或严重粗料细料离析现象为止。沥青混凝土的拌和时间由试拌确定,出厂的沥青混合料温度严格控制为 155~170 ℃。

（四）沥青混合料的运输

（1）汽车从拌和斗向运料车上放料时，每卸一斗混合料，就要挪动一下汽车的位置，以减少粗细骨料的离析现象。

（2）混合料运输车的运量较拌和或摊铺速度有所富余，施工过程中应在摊铺机前方 30 cm 处停车，不能撞击摊铺机。卸料过程中应挂空挡，靠摊铺机的推进前进。

（3）沥青混合料的运输必须快捷、安全，使沥青混合料到达摊铺现场的温度为 145~165 ℃，并对沥青混合料的拌和质量进行检查，当来料温度不符合要求或料已结团、遭雨淋湿时，不得铺筑在道路上。

（五）沥青混合料的摊铺

（1）用摊铺机进行二幅摊铺，上下两层错缝 0.5 m，摊铺速度控制在 2~4 m/min。沥青下面层摊铺拉钢丝绳控制标高和平整度，上面层摊铺采用平衡梁装置，以确保摊铺厚度和平整度。摊铺机按设置速度均衡行驶，不得随意变换速度和停机，松铺系数根据试验段确定。正常摊铺温度应为 140~160 ℃。在上面层摊铺时，纵横向接缝口钉立 4 cm 厚的木条，确保接缝口顺直。

（2）摊铺过程中对于道路上的窨井，在底层料进行摊铺前用钢板进行覆盖，以防止在摊铺过程中遇到窨井而抬升摊铺机，从而影响平整度。在摊铺细料前，把窨井抬至实际摊铺高程。窨井的抬法应根据底层料摊铺情况和细料摊铺厚度结合摊铺机摊铺时的路情况来调升，以确保窨井与路面的平整度，不致出现跳车情况。对于细料摊铺过后积聚在窨井上的粉料应用小铲子铲除，将其清扫干净。

（3）对于路头的摊铺尽可能避免人工作业，采用 LT6E 小型摊铺机摊铺，以确保平整度和混合料的均匀程度。

（4）在平石边摊铺时应略高于平石 3 mm，至少保平，对于搭接在平石上的混合料用铲子铲除，再用推耙推齐，保持一条直线。

（六）沥青混合料的碾压

（1）压实后的沥青混合料应符合压实度和平整度的要求。

（2）选择合理的压路机组合方式和碾压步骤，以达到最佳结果。沥青混合料压实采用钢筒式静态压路机和轮胎压路机或振动压路机组合的方式。压路机的数量根据生产现场决定。

（3）沥青混合料的压实按初压、复压和终压（包括成型）三个阶段进行。压路机以慢而均匀的速度碾压。

（4）复压紧接在初压后进行。复压采用轮胎式压路机，碾压遍数应经试压确定，一般不少于 4 遍，以达到要求的压实度，且无显著轮迹。

（5）终压紧接在复压后进行。终压选用双轮钢筒式压路机碾压，不宜少于 2 遍，且无轮迹。采用钢筒式压路机时，相邻碾压带应重叠后轮 1/2 宽度。

（七）接缝、修边

（1）摊铺时梯队作业产生的纵缝采用热接缝。施工时将已铺混合料部分留下 10~20 cm

的宽度暂不碾压,作为后摊铺部分的高程基准面,最后进行跨缝碾压以消除缝迹。

（2）半幅施工不能采用热接缝时,设挡板或采用切刀切齐。铺另半幅前必须将缝边缘清扫干净,并涂洒少量黏层沥青。摊铺时应重叠在已铺层上 5~10 cm,摊铺后用人工将摊铺在前半幅上面的混合料铲走。碾压时先在已压实路面上行进,碾压新铺层 10~15 cm,然后压实新铺部分,再伸出已压实路面 10~15 cm,充分将接缝压实紧密。上下层的纵缝错开0.5 m,表层的纵缝应顺直,且留在车道的画线位置上。

（3）相邻两幅和上下层的横向接缝均错位 5 m 以上。上下层的横向接缝可采用斜接缝,上面层应采用垂直的平接缝。铺筑接缝时,可在已压实部分上面铺设一些热混合料使之预热软化,以加强新旧混合料的黏结。但在开始碾压前应将预热用的混合料铲除。

（4）平接缝做到紧密黏结,充分压实,连接平顺。施工可采用以下方法:在施工结束时,摊铺机在接近端部前约 1 m 处将熨平板稍稍抬起驶离现场,用人工将端部混合料铲齐后再予碾压。然后用 3 m 直尺检查平整度,趁尚未冷透时垂直刨除端部平整度或层厚不符合要求的部分,使下次施工时呈直角连接。

（5）从接缝处继续摊铺混合料前应用 3 m 立尺检查端部平整度,当不符合要求时,予以清除。摊铺时应控制好预留高度,接缝处摊铺层施工结束后再用 3 m 直尺检查平整度,如发现不符合要求之处,应趁混合料尚未冷却时立即处理。

（6）横向接缝的碾压应先用双轮钢筒式压路机进行横向碾压。在碾压带的外侧放置供压路机行驶的垫木,碾压时压路机位于已压实的混合料层上,伸入新铺层的宽度为 15 cm,然后每压一遍向混合料移动 15~20 cm,直至全部在新铺层上为止,再改为纵向碾压。当相邻摊铺层已经成型,同时又有纵缝时,可先用钢筒式压路机将纵缝碾压一遍,碾压宽度为15~20 cm,然后再沿横缝进行横向碾压,最后进行正常的纵向碾压。

（7）做完的摊铺层外露边缘应准确到要求的线位,将修边切下的材料及任何其他的废弃沥青混合料从路上消除。

（八）地面镶嵌与拼花

施工前,要根据设计的图样,准备好镶嵌地面所需的砖石材料。设计有精细图形的,先要在细密质地的青砖上放好大样,再细心雕刻,做好雕刻花砖,施工中可镶嵌于铺地图案中。要精心挑选铺地用的石子,挑选出的石子应按照不同颜色、大小,不同长扁形状分类堆放,有利于铺地拼花时方便使用。

施工时,要先在已做好的道路基层上铺垫一层结合材料,厚度一般为 40~70 mm。垫层结合材料主要用到 1:3 石灰砂、3:7 细灰土、1:3 水泥砂等,用干法砌筑或湿法砌筑都可以,但干法施工更为方便一些。在铺平的松软垫层上,按照预定的图样开始镶嵌拼花。一般用立砖、小青瓦来拉出线条、纹样和图形图案,再用各色卵石、砾石镶嵌做花,或者拼成不同颜色的色块,以填充图形大面。然后,经过进一步修饰和完善图案纹样,并尽量平铺后,就可以定形。定形后的铺地地面,仍要用水泥干砂、石灰干砂撒布其上,并扫入砖石缝隙中填实。最后,除去多余的水泥干砂与石灰干砂,将地面清扫干净,用细孔喷壶对地面喷洒清水,稍使地面湿润即可,不能用大水冲击或使路面有水流淌。完成后,养护 7~10 d。

(九)嵌草路面的铺砌

无论用预制混凝土铺路板、实心砌块、空心砌块,还是用顶面平整的乱石、整形石块或石板,都可以铺装成砌块嵌草路面。施工时,先在整平压实的路基上铺垫一层栽培壤土作为垫层。壤土要求比较肥沃,不含粗颗粒物,铺垫厚度为 100~150 mm。然后在垫层上铺砌混凝土空心砌块或实心砌块,砌块缝中半填壤土并播种草籽。

实心砌块的尺寸较大,草皮嵌种在砌块之间预留的缝隙中。草缝设计宽度可为 20~50 mm,缝中填土达砌块的 2/3 高。砌块下面如上所述用壤土作为垫层并起找平作用,砌块要铺装得尽量平整。实心砌块嵌草路面上,草皮形成的纹理是线网状的。空心砌块的尺寸较小,草皮嵌种在砌块中心预留的孔中。砌块与砌块之间不留草缝,常用水泥砂浆黏接。砌块中心孔填土也为砌块的 2/3 高;砌块下面仍用壤土作为垫层找平,使嵌草路面保持平整。空心砌块嵌草路面上,草皮呈点状而有规律地排列。要注意的是,空心砌块的设计一定要保证砌块结实坚固和不易损坏,因此其预留孔径不能太大,孔径最好不超过砌块直径的 1/3。采用砌块嵌草铺装的路面,砌块和嵌草层是道路的结构面层,其下面只能有个壤土垫层,在结构上没有基层,只有这样的路面结构才有利于草皮的存活与生长。

七、道牙边沟施工

(一)路缘石

路缘石是一种为确保行人和路面安全,进行交通诱导,保留水土,保护植栽,以及区分路面铺装等而设置在车道与人行道分界处、路面与绿地分界处、不同铺装路面分界处等位置的构筑物。路缘石的种类很多,有标明道路边缘类的预制混凝土路缘石、砖路缘石、石头路缘石,此外还有对路缘进行模糊处理的合成树脂路缘石。

路缘石的设置施工要点如下。

(1)在公共车道与步行道分界处设置路缘,一般利用混凝土制"步行道车道分界道牙砖",设置高 15 cm 左右的街渠或 L 形边沟。如在建筑区内,街渠或边沟的高度则为 10 cm 左右。

(2)区分路面的路缘,要求铺筑高度统一、整齐,路缘石一般采用"地界道牙砖",设在建筑物入口处的路缘。可采用与路面材料搭配协调的花砖或石料铺筑。在混凝土路面、花砖路面、石路面等与绿色植物的交界处可不设路缘。但对沥青路面,为保证施工质量,则应当设置路缘。

(二)边沟

所谓的边沟,是一种设置在地面上用于排放雨水的排水沟。其形式多种多样,有铺设在道路上的 L 形边沟,步车道分界道牙砖铺筑的街渠,铺设在停车场内园路上的碟形边沟,以及铺设在用地分界点、入口等场所的 L 形边沟(U 形边沟)。此外,还有窄缝样的缝形边沟和与路面融为一体的作为装饰的边沟,边沟所使用的材料一般为混凝土,有时也采用嵌砌小砾石。

U 形边沟沟算的种类比较多,如混凝土制算、镀锌格栅算、铸铁格栅算、不锈钢格子算等。

边沟的设置要点如下。

（1）应按照建设项目的排水总体规划指导,参考排放容量和排水坡度等因素,决定边沟的种类和规模尺寸。

（2）总体而言,所谓的雨水排除针对的是建筑区内部的雨水排放处理,因此应在建筑区的出入口处设置边沟(主要是加格栅算的 U 形边沟)。

（3）使用 L 形边沟,如道路路宽为 6 m 以下,应采用 C20 型钢筋混凝土 L 形边沟,对宽 6 m 以上的道路,应在双侧使用 C30 或 C35 钢筋混凝土 L 形边沟。

（4）U 形边沟常选用 240 型或 300 型成品预制件。

（5）用于车道路面上的 U 形边沟,其沟算应采用能够承受通行车辆荷载的结构。而且最好选择可用螺栓固定不产生噪声的沟算。

（6）步行道、广场上的 U 形边沟沟算,应选择细格栅类,以免行人的高跟鞋陷入其中。

（7）在建筑的入口处,一般不采用 L 形边沟排水,而是以缝形边沟、集水坑等设施排水,以免破坏入口处的景观。

第二节　广场工程施工

广场工程的施工程序基本上与园路工程相同,但由于广场上往往存在着花坛、草坪、水池等地面景物,因此它又比一般的园路工程内容更复杂。

一、施工准备

（一）材料准备

准备施工机具、基层和面层的铺装材料以及施工中需要的其他材料;清理施工现场。

（二）场地放线

按照广场设计图所绘的施工坐标方格网,将所有坐标点测设在场地上并打桩定点。然后以坐标桩点为准,根据广场设计图,在场地地面上放出场地的边线、主要地面设施的范围线,以及挖方区、填方区之间的零点线。

（三）地形复核

对照广场竖向设计图,复核场地地形。各坐标点、控制点的自然地坪标高数据,有缺漏的要在现场测量补上。

（四）广场场地平整

需要按设计要求对场地进行回填压实和平整,为保证广场基层稳定,对场地平整进行以下处理。

（1）清除并运走场地杂草，转走现场的木方和竹等建筑材料。

（2）用挖掘机将场地的其他多余土方转运到两边场地，用推土机分层摊铺开，每层厚度控制在 30 cm 左右，然后采用两台 15 t 压路机对摊铺的大面积场地进行碾压，局部采用人工打夯机夯实。压至场地土方无明显下沉或压路机无明显轮迹为止，按设计要求至少需三次分层摊铺和碾压。对经压路机碾压后低于设计标高和低洼的部位采用人工回填夯实。

（3）人工夯实填土前应初步平整，夯实时要按照一定方向进行，一夯压半夯，夯夯相接，行行相连，每遍纵横交叉，分层夯打。人工夯实部分采用蛙式夯机，夯打遍数不少于三遍，对周边等压路机碾压不到的部位应加夯几次。

（4）广场场地平整和碾压完成后，安排测量人员放出广场道路位置，根据设计图纸标高，使道路路基标高略高于设计要求，用 15 t 振动压路机对道路再进行一次碾压。采用振动压路机碾压，碾压时横向接头的轮迹，重叠宽度为 40~50 cm，前后相邻两区段纵向重叠 1~1.5 m，碾压时做到无漏压、无死角并确保碾压均匀。碾压时，先压边缘，后压中间；先轻压，后重压。填土层在压实前应先整平，并应作 2%~4% 的横坡。当路堤铺筑到结构物附近的地方，或铺筑到无法采用压路机压实的地方时，使用夯锤予以夯实。

（5）使道路路基达到设计要求的压实系数，并按设计要求做好压实试验。

（6）场地平整完成后，及时合理安排地下管网和碎石、块石垫层的施工，保证施工有序和各工种交叉作业。

二、花岗石铺装

（一）垫层施工

将原有水泥方格砖地面拆除后，平整场地，用蛙式打夯机夯实，浇筑 150 mm 厚素混凝土垫层。

（二）基层处理

检查基层的平整度和标高是否符合设计要求，偏差较大的事先凿平，并将基层清扫干净。

（三）找水平、弹线

用 1∶2.5 水泥砂浆找平，制作水平灰饼，弹线、找中、找方。施工前一天洒水湿润基层。

（四）试拼、对色、编号

花岗石在铺设前对板材进行试拼、对色、编号整理。

（五）铺设

弹线后先铺几条石材作为基准，起标筋作用。铺设的花岗石事先洒水湿润，阴干后使用，在水泥焦砟垫层上均匀地刷一道素水泥浆，用 1∶2.5 干硬性水泥砂浆做黏结层，厚度根据试铺高度决定黏结厚度。用铝合金尺找平，铺设板块时四周同时下落，用橡皮锤敲击平实，并注意找平、找直，如有锤击空声，须揭板重新增添砂浆，直至平实为止，最后揭板浇一层水灰比为 0.5 的素水泥浆，再放下板块，用锤轻轻敲击铺平。

（六）擦拭

待铺设的板材干硬后，用与板材同颜色的水泥浆填缝，表面用棉丝擦拭干净。

（七）养护、成品保护

擦拭完成后，面层铺盖一层塑料薄膜，减少砂浆在硬化过程中的水分蒸发，增强石板与砂浆的黏结牢度，保证地面的铺设质量。养护期为 3~5 d，养护期禁止上人上车，并在塑料薄膜上覆盖硬纸垫，以保护成品。

三、卵石面层铺装

在基础层上浇筑 3~4 d 后方可铺设面层。首先，打好各控制桩。其次，挑选 3~5 cm 的卵石，要求质地好、色泽均匀、颗粒大小均匀。然后，在基础层上铺设 1:2 水泥砂浆，厚度为 5 cm，接着将卵石嵌入水泥砂浆层，要求排列美观，面层均匀，高低一致（可用一块 1 m×1 m 的平板盖在卵石上轻轻敲打，以使面层平整）。面层铺好一块后，用抹布轻轻擦除多余部分的水泥砂浆。待面层干燥后，应注意浇水保养。

四、停车场草坪铺装

根据设计图纸要求，停车场的草坪铺装基础素土夯实和碎石垫层后，除按园路铺装处理外，在铺好草坪保护垫（绿保）10 mm 厚细砂后一定要用压路机碾压 3~4 次，并处理好弹簧土，在确保地基压实的情况下才允许浇水铺草坪。

五、质量标准

园路与广场各层的质量要求和检查方法如下。

（1）各层的坡度、厚度、标高和平整度等应符合设计规定。

（2）各层的强度和密实度应符合设计要求，上下层结合应牢固。

（3）变形缝的宽度和位置、块材间缝隙的大小以及填缝的质量等应符合要求。

（4）不同类型面层的结合以及图案应正确。

（5）各层表面对水平面或对设计坡度的允许偏差，不应大于 30 mm。供排除液体用的带有坡度的面层应进行泼水试验，以能排除液体为合格。

（6）块料面层相邻两块料间的高低允许偏差不应大于表 9-1 的规定。

表 9-1　各种块料面层相邻两块料的高低允许偏差

单位:mm

序号	块料表层名称	允许偏差
1	条石面层	2

序号	块料表层名称	允许偏差
2	普通黏土砖、缸砖和混凝土板面层	1.5
3	水磨石板、陶瓷地砖、水泥花砖和硬质纤维板面层	1
4	大理石、花岗石、拼花木板和塑料地板面层	0.5

（7）水泥混凝土、水泥砂浆、水磨石等整体面层和铺在水泥砂浆上的板块面层以及铺贴在沥青胶结材料或胶黏剂的拼花木板、塑料板、硬质纤维板面层与基层的结合应良好，应用敲击方法检查，不得空鼓。

（8）面层不应有裂纹、脱皮、麻面和起砂等现象。

（9）面层中块料行列（接缝）在5m长度内直线度的允许偏差不应大于表9-2的规定。

表 9-2　各类面层块料行列（接缝）直线度的允许偏差

单位:mm

序号	块料表层名称	允许偏差
1	缸砖、陶瓷锦砖、水磨石板、水泥花砖、塑料板和硬质纤维板	3
2	活动地板	2.5
3	大理石、花岗石面层	2
4	其他块料面层	8

（10）各层厚度对设计厚度的偏差，在个别地方偏差不得大于该层厚度的10%，在铺设时检查。

（11）各层的表面平整度，应用2m长的直尺检查，如为斜面，则应用水平尺和样尺检查各层表面平面度的偏差，不应大于表9-3的规定。

表 9-3　各层表面平面度的偏差允许值

单位:mm

序号	层次	材料名称		允许偏差
1	基土	土		15
2	垫层	砂、砂石、碎(卵)石、碎砖		15
		灰土、三合土、炉渣、水泥混凝土		15
		毛地板	拼花木板面层	10
			其他种类面层	3
		木格栅		5
3	结合层	用沥青玛蹄脂做结合层铺设拼花木板、板块和硬质纤维面板		3
		用水泥砂浆做结合层铺设板块面层以及铺设隔离层、填充层		5
		用胶结料做结合层铺设拼花木板、塑料板和纤维板面层		2

续表

序号	层次	材料名称	允许偏差
4	面层	条石、块石	10
		水泥混凝土、水泥砂浆、沥青混凝土、水泥钢（铁）屑不发火（防爆）、防渗等面层	4
		缸砖、混凝土块面层	4
		整体的和预制的普通水磨石、水泥花砖和木板面层	3
		整体的和预制的高级水磨石面层	2
		陶瓷锦砖、陶瓷地砖、拼花木板、活动地板、塑料板、硬质纤维板等面层以及面层涂饰	2
		大理石、花岗石面层	1

第十章　植物种植工程

第一节　树木栽植

一、栽植准备

（1）树木栽植工程施工前必须做好各项施工的准备工作，以确保工程顺利进行。准备工作包括掌握资料、熟悉设计、勘查现场、制定方案、编制预算、材料供应和现场准备。

（2）开工前应了解、掌握工程的有关资料，如用地手续、上级批示、工程投资来源、工程要求等。

（3）施工前必须熟悉设计的指导思想、设计意图、图纸和质量与艺术要求，并由设计人员向施工单位进行设计交底。

（4）进行现场勘查。施工人员了解设计意图和组织有关人员到现场勘查，一般包括现场周围环境、施工条件、电源、水源、土源、交通道路、堆料场地、生活暂设的位置，以及市政、电信应配合的部门和定点放线的依据。

（5）工程开工前应制定施工方案（施工组织设计），包括以下内容。

①工程概况：工程项目、工程量、工程特点、工程的有利和不利条件。

②施工方法：采用人工还是机械施工，劳动力的来源，是否有社会义务劳动参加。

③施工程序和进度计划。

④施工组织的建立，包括指挥系统、部门分工、职责范围、施工队伍的建立和任务的分工等。

⑤制定安全、技术、质量、成活率指标和技术措施。

⑥现场平面布置图：水、电源、交通道路、料场、库房、生活设施等具体位置图。

⑦施工方案：应附有计划表格，包括劳动力计划、作业计划和苗木、材料、机械的运输等。

（6）施工预算应根据设计概算、工程定额和现场施工条件、采取的施工方法等编制。

（7）重点材料的准备，如特殊需要的苗木、材料应事先了解来源、质量、价格、可供应情况。

（8）做好现场准备，包括"三通一平"和搭建暂时房屋、生活设施、库房。事先与市政、电信、公用、交通等有关单位配合好，并办理有关手续。

（9）劳动力、机械、运输力等有关事项应事先由专人负责联系安排好。

（10）如为承包的植树工程,则应事先与建设单位签订承包合同,办理必要手续,合同生效后方可施工。

二、整地

（一）清理障碍物

在施工场地上,凡对施工有碍的一切障碍物,如堆放的杂物、违章建筑、坟堆、砖石块等,都要清除干净。一般情况下,已有树木凡能保留的应尽可能保留。

（二）整理现场

根据设计图纸的要求,将绿化地段与其他用地界限区划开来,整理出预定的地形,使其与周围排水趋向一致。整理工作一般应在栽植前三个月以上的时期内进行。

（1）对 8° 以下的平缓耕地或半荒地,应根据植物种植必需的最低土层厚度要求（表10-1）进行整理,通常翻耕 30~50 cm 的深度,以利蓄水保墒,并视土壤情况,合理施肥以改变土壤肥性。平地整地要有一定的倾斜度,以利排除过多的雨水。

表 10-1　绿地植物种植必需的最低土层厚度

植被类型	草木花卉	草坪地被	小灌木	大灌木	浅根乔木	深根乔木
土层厚度/cm	30	30	45	60	90	150

（2）对于工程场地,宜先清除杂物、垃圾,随后换土。种植地的土壤如含有建筑废土及其他有害成分,如强酸性土、强碱性土、盐碱土、重黏土、沙土等,均应根据设计规定,采用客土或改良土壤的技术措施。

（3）对于低湿地区,应先挖排水沟降低地下水位以防止返碱。通常在种树前一年,每隔20 m 左右挖出一条深 1.5~2.0 m 的排水沟,并将掘起来的表土翻至一侧培成垅台,经过一个生长季,土壤受雨水冲洗,盐碱减少,杂草腐烂,土质疏松,不干不湿,即可在垅台上种树。

（4）对于新堆土山的整地,应经过一个雨季使其自然沉降,才能进行整地植树。

（5）对于荒山整地,应先清理地面,刨出枯树根,搬除可以移动的障碍物,在坡度较平缓、土层较厚的情况下,可以采用水平带状整地。

三、植物种植施工工序

（一）施工现场定点、放线

根据设计图纸在现场通过测量定出苗木的栽植位置和株行距。树木栽植方式不同,定点放线的方法也不同。

1. 自然式配置乔、灌木的放线

（1）方格网放线法。根据植物配置的疏密程度按一定比例在设计图上打好方格网，并将其测放到施工现场。再根据树木在图纸方格网中的位置测放到地面上，进行定位。

（2）小平板放线法。范围较大、测量基点准确的绿地，可以用平板仪定点，即依据基点，将单株位置和片株的范围线，按设计依次定出，并钉木桩标明。桩上应写清树种、株数。注意定点前应先清除障碍。

（3）目测法。对于设计图上无固定点的绿化种植，如灌木丛、树群等可用上述两种方法画出树丛、树群栽植范围，其中每株树木的栽植位置和排列可根据设计要求在所定范围内用目测法进行定点。定点的同时应注意植株的生态要求以及自然美观效果。

2. 规则式种植的放线

对于成片整齐式的种植，可用仪器和皮尺定点放线。先用仪器根据地面上某一固定设施的平面位置定出行位（最好利用位于某行两端的植株的位置进行确定），再用皮尺依据株距定出株位。

对于行道树，通常以道牙或道路中心线为依据，用皮尺、测绳等，按照设计的株距，每隔10株钉一木桩作为定位和栽植的依据。定点时如遇到电线杆、井口、管道、变压器等障碍物应躲开，不应拘泥于设计尺寸，而应满足与相应设施的最小水平和垂直净距的有关规定。

（二）起苗、运苗与假植

1. 起苗

起苗前 1~3 d 对圃地适当浇水使泥土松软，以便于挖掘；对于裸根起苗，这样也便于多带宿土。

（1）裸根起苗。裸根起苗适用于处于休眠状态的落叶乔木、灌木。此法简便、省力，但起苗时应该尽量保护根系，多留宿土。对于不能及时运走的苗木，为避免风吹日晒，应埋土假植，土要湿润。

（2）带土球起苗。此法多用于常绿树，以干为圆心，以干的周长为半径画圆，确定土球的大小。将苗木的根部连土掘削成球状，用蒲包、草绳或其他软材料包装起出。土球要削光滑，包装要严，底部封严不漏土。此法土球内须根完好，这样水分不易散失，对恢复生长有利，但费工费料。

2. 运苗

"随起、随运、随栽"是提高苗木成活率的有力措施。条件允许时，要尽量做到傍晚起苗，夜间运输，早晨栽植。运输时，车厢内应先垫上草袋等物，以防车板磨损苗木。乔木苗装车应根系向前，树梢向后，不能压得太紧；灌木可直接直立装车。

带土球苗装运时，苗高不足 2 m 的可立放；苗高 2 m 以上的应使土球在前，树梢向后，呈斜放或平放，并用木架将树冠架稳。土球直径小于 20 cm 的，可装 2~3 层，并应装紧，防车晃动；土球直径大于 20 cm 的，只放 1 层。

苗木运输途中，应经常检查苫布是否掀起。短途运苗，中途不要休息。长途行车，必要时应洒水淋湿树根，休息时应选择阴凉处停车，防止风吹日晒。

3. 假植

苗木运到施工现场后未能及时栽种或未栽完的,应根据距栽种时间的长短采取"假植"措施。

裸根苗木,临时可用苫布或草袋盖严,或在栽植处附近选择合适地点假植。首先挖一个深 30~50 cm、宽 1.5~2 m 的横沟,长度视需要而定。然后稍斜立一排苗木,紧靠苗根再挖一同样的横沟,并用挖出来的土将第一排树根埋严,挖完后再立一排苗,依次埋根,直至全部苗木假植完。如假植时间较长,则应适量浇水,保持土壤湿润。

带土球苗木 1~2 d 能栽完的不必假植;1~2 d 内栽不完的,应集中放好,四周培土,树冠用绳拢好。如存放时间较长,土球间隙也应加一些培土。假植期间应对常绿树进行叶面喷水。

(三)挖种植穴

(1)种植穴的大小。种植穴的大小一般取苗木根茎直径的 6~8 倍,如根茎直径为 10 cm,则种植穴直径约为 70 cm。但是,若绿化用地的土质太差,又没经过换土,种植穴的直径则应更大一些。种植穴的深度,应略比苗木根茎以下土球的高度深一点。

(2)种植穴的形状。种植穴的形状一般为直筒状,穴底挖平后把底土稍耙细,保持平底状。注意:穴底不能挖成尖底状或锅底状。

(3)回填土挖穴。在新土回填的地面挖穴,穴底要用脚踏实或夯实,以免后来灌水时渗漏太快。

(4)斜坡上挖穴。在斜坡上挖穴时,应先将坡面铲成平台,然后再挖种植穴,穴深按穴口的下沿计算。

(5)去杂或换土。挖穴时若土中含有少量碎块,应除去碎块后再用;挖出的坑土若含碎砖、瓦块、灰团太多,应另换好土栽树;若挖出的土质太差,则应换成客土。

(6)特殊情况的处理。在开挖种植穴的过程中,如发现有地下电缆、管道,应立即停止作业,马上与有关部门联系,查清管线的情况,商量解决办法。如遇有地下障碍物严重影响操作,可与设计人员协商移位重挖。

(7)用水浸穴。在土质太疏松的地方挖种植穴时,可于栽树之前先用水浸穴,使穴内土壤先行沉降,以免栽树后沉降使树木歪斜。浸穴的水量,以一次灌到穴深的 2/3 处为宜。浸穴时如发现有漏水的地方,应及时堵塞。待穴中全部均匀地浸透以后,才能开始种树。

(8)上基肥。种植穴挖好之后,一般情况下就可直接种树。但若种植土太瘠薄,就要在穴底垫一层基肥,基肥层以上还应当铺一层厚 5 cm 以上的土壤。基肥尽可能选用经过充分腐熟的有机肥,如堆肥、厩肥等。条件不允许时,一般施些复合肥,或根据土壤肥力有针对性地选用氮、磷、钾肥。

(四)栽植

1. 栽植前的修剪

为了减少蒸腾,保持树势平衡,保证树木成活,栽植前应对苗木进行适当修剪。

修剪量依树种不同而不同。常绿针叶树只剪去病枯枝、受伤枝即可;对于较大的落叶乔木,尤其是长势较强容易抽出新枝的杨树、柳树等可进行强修剪,可减去树冠的一半以上;对于花灌木及生长较缓慢的树木可进行疏枝,短截去全部叶或部分叶,以除病枯枝、过密枝,对于过长的枝可减去 1/3~1/2。

修剪时行道树一般在 2.5 m 高处截干,剪去侧枝,灌木可保留 3~5 个分枝,并注意保持自然树形。

栽植前也应对根系进行适当修剪,主要将病虫根、断根、劈裂根和过长根剪去。剪口应平而光滑,最好能及时涂抹防腐剂。

2. 进行栽植

(1)裸根苗的栽植。首先,一人将树苗放入坑中扶直,另一人将坑边好的表土填入,至一半时,将苗木轻轻提起,使根茎部位与地表相平,使根自然向下呈舒展状态;然后,用脚踏实土壤,或用木棒夯实;接着,继续填土,直到比穴(坑)边稍高一些,再用力踏实或夯实一次;最后,用土在坑的外缘做灌水堰。

(2)带土球苗的栽植。栽植土球苗,须先确认坑的深度与土球高度是否一致,如有差别应及时挖深或填土,绝不可盲目入坑,造成土球来回搬动。土球入坑后应先在土球底部四周垫少量土,将土球固定,注意使树干直立。然后将包装材料剪开,并尽量取出(易腐烂的包装物可以不取)。随即填入好的表土至坑的一半,用木棍于土地四周夯实,再继续用土填满穴(坑)并夯实,注意夯实时不要砸碎土球,最后开堰。

(3)栽苗的注意事项和要求如下。

①平面位置和高程必须符合设计规定。

②树身上、下应垂直。如果树干有弯曲,其弯向应朝当地风方向。行列式栽植必须保持横平竖直,左右相差最多不超过树干直径的 1/2。

③对于栽植深度,裸根乔木苗应较原根茎土痕深 5~10 cm;灌木应与原土痕齐平;带土球苗应比土球顶部深 2~3 cm。

④行列式植树应事先栽好"标杆树"。方法是:每隔 20 株左右,用皮尺量好位置,先栽好一株,然后以这些"标杆树"为瞄准依据,全面开展定植工作。

⑤灌水堰筑完后,将捆拢树冠的草绳解开取下,使枝条舒展。

3. 栽后养护管理

(1)立支柱。对于大规格苗木,为防止灌水后土塌树歪,尤其在多风地区,摇动树根影响成活,应立支柱。常用通直的木棍、竹竿做支柱,长度视苗高而定,以能支撑树的 1/3~1/2 处即可。支柱应于种植时埋入,也可栽后打入(入土 20~30 cm),应注意不要打在根上。立支柱的方式大致有单支式、双支式和三支式三种。

(2)灌水。水是保证树木成活的关键,栽后应立即灌水。干旱季节栽后必须经一定间隔连灌三次水,这对冬春较干旱地区的春植树木,尤为重要。

①开堰。苗木栽好后,先用土在原树坑的外缘培起高约 1.5 cm 的圆形地堰,并用铁锹等将土拍打牢固,以防漏水。栽植密度较大的树丛,可开成片堰。

②灌水。苗木栽好后,无雨天气在 24 h 之内,必须灌上第一遍水。水要浇透,使土壤充分吸收水分,以便于土壤与根系紧密结合,这样才利于苗木成活。北方干旱地区雨季,苗木栽植后 10 d 内,必须连灌三遍水。苗木栽植后,每株每次灌水量视地区、季节、天气状况

而定。

（3）扶直、中耕、封堰。

①扶直。浇第一遍水后的次日，应检查树苗是否有倒、歪现象，发现后应及时扶直，并用细土将堰内缝隙填严，将苗木固定好。

②中耕。水分渗透后，用小锄或铁耙等工具，将土堰内的土表锄松，这一做法称为中耕。中耕可以切断土壤的"毛细管"，减少水分蒸发，有利保墒。植树后浇"三水"之间，都应中耕一次。

③封堰。浇第三遍水并待水分渗入后，用细土将灌水堰内填平，使封堰土堆稍高于地面。土中如果含有砖石杂质等物，应挑拣出来，以免影响下次开堰。华北、西北等地秋季植树，应在树干基部堆30 cm高的土堆，以保持土壤水分，并能保护树根，防止风吹摇动，影响成活。

第二节　花坛施工

花坛形式多样、种类繁多，不同的景观环境往往采用不同的花坛种类。花坛种类主要有盛花花坛、模纹花坛、标题式花坛、立体造型花坛四种。在同一个花坛群中，也可以有不同类型的若干个体花坛。

要把花坛和花坛群搬到地面上，必须经过整地、定点放线、砌筑边缘石与整理种植床、图案放样与花卉栽植等工序。

一、整地

开辟花坛之前，一定要先整地，将土壤深翻40~50 cm，挑出草根、石头及其他杂物。如果栽植深根性花卉，还要翻得更深一些；如土质很坏，则应全部换成好土。根据需要，施加适量肥性平和、肥效长久、经充分腐熟的有机肥作为底肥。

为便于观赏和排水，花坛表面应处理成一定坡度，可根据花坛所在位置决定坡的处理形式。若从四面观赏，可处理成尖顶状、台阶状、圆丘状等形式；如果只从单面观赏，可处理成一面坡的形式。

花坛的地面，应高出所在地平面，尤其是四周地势较低之处，更应该如此。同时，应做出边界，以固定土壤。

二、定点放线

1. 花坛群的定位与定点

（1）根据设计图和地面坐标系统的对应关系，用测量仪器把花坛群的中心点，即中央主花坛的中心点的坐标测设到地面上。

（2）把纵、横中轴线上的其他次中心点的坐标测设下来，连接各中心点，即在地面上放出花坛群的纵轴线和横轴线。

（3）然后再依据纵、横轴线，量出各个体花坛的中心点，这样就可把所有花坛的位置在地面上确定下来。

（4）每一个花坛的中心点都要在地上钉一个小木桩作为中心桩。

2. 个体花坛的放线

对于个体花坛，只要将其边线放大到地面上即可。正方形、长方形、三角形、圆形或扇形花坛，只要量出边长和半径，都很容易放出边线；椭圆形、正多边形花坛的放线更为复杂。

（1）正五边形花坛的放线，如图 10-1 所示，已知一边长 AB。

①分别以点 A、点 B 为圆心，AB 为半径，作圆交于点 C 和点 D。

②以点 C 为圆心，CA 为半径，作弧与二圆分别交于点 E、点 F，与 CD 交于点 G，连接 EG、FG 并延长之，分别与二圆交于点 K、点 L。

③分别以点 K、点 L 为圆心，AB 为半径，作弧交于点 M。

④分别连接 AL、BK、LM、KM，即得正五边形 ABKML。

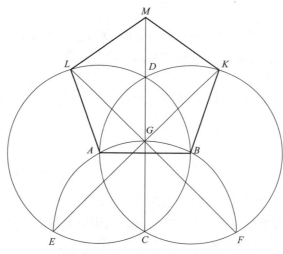

图 10-1　正五边形花坛的放线

（2）正多边形花坛的放线，如图 10-2 所示，已知一边为 AB。

①延长 AB，使 BD=AB，并等分 AD（本例为九等分）。

②分别以点 A、点 D 为圆心，AD 为半径，作弧交于点 E。

③以点 B 为圆心，BD 为半径，作弧与 EZ 的延长线交于点 C。

④过点 A、点 B 和点 C 的圆即为正多边形的外接圆。

（3）椭圆形花坛的放线，如图 10-3 所示，已知长短轴 AB、CD。

①以 AB、CD 为直径作同心圆。

②作若干直径。自直径与大圆的交点作垂线，与自小圆所作的水平线相交，连接交点即得椭圆形轨迹。

（4）以三心拱曲线作椭圆，如图 10-4 所示，已知拱底宽 AB 和拱高 CD。

①连接 AD、BD，以点 C 为圆心，AC 为半径，作弧交 CD 的延长线于点 E。

②以点 D 为圆心，DE 为半径，作圆分别交 AD、BD 于点 F、点 G。

③作 AF、BG 的中垂线，可得点 O_1（两中垂线的交点）、点 O_2（AF 的中垂线与 AC 的交点）和点 O_3（BG 的中垂线与 BC 的交点），以此三点为圆心作弧通过点 A、点 B 及点 D，即得所求曲线。

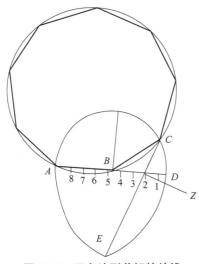

图 10-2　正多边形花坛的放线

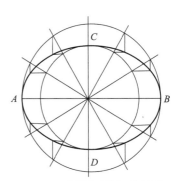

图 10-3　椭圆形花坛的放线

（5）椭圆形花坛的简易放线，如图 10-5 所示。

①在地面上钉两个木桩，取椭圆纵轴长度的 1/2 作为两木桩的间距。

②再取一根绳子，两端系在一起构成环状，绳子长度为木桩间距的 3 倍。

③将环绳套在两个木桩上，绳上拴一根长铁钉用来在地面上画线。

④牵动绳子转圈画线，椭圆形即可画成。

画圆时注意：绳子一定要拉紧，先画一侧的弧线，再翻过去画另一侧的弧线。

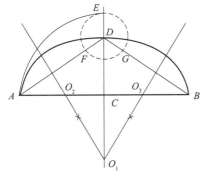

图 10-4　三心拱曲线作椭圆

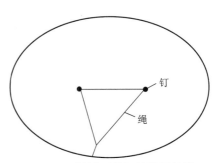

图 10-5　椭圆形花坛的简易放线

三、砌筑边缘石与整理种植床

（一）砌筑边缘石

花坛工程的主要工序是砌筑边缘石。

1. 花坛边沿基础处理

（1）放线完成后，应沿着已有的花坛边线开挖边缘石基槽。

（2）基槽的开挖宽度应比边缘石基础宽 10 cm 左右，深度为 12~20 cm。

（3）槽底土面要整平、夯实。

（4）有松软处要进行加固，不得留下不均匀沉降的隐患。

（5）在砌基础之前，槽底还应做一个 3~5 cm 厚的粗砂垫层，供基础施工找平用。

2. 花坛边缘石砌筑

（1）边缘石一般是以砖砌筑的矮墙，高 15~45 cm，其基础和墙体可用 1∶2 水泥砂浆或 M2.5 混合砂浆砌 MU7.5 标准砖做成。

（2）矮墙砌筑好之后，回填泥土将基础埋上，并夯实泥土。

（3）再用水泥和粗砂配成 1∶2.5 的水泥砂浆，对边缘石的墙面进行抹面，抹平即可，不要抹光。

（4）最后，按照设计，用磨制花岗石石片、釉面墙地砖等贴面装饰，或者用彩色水磨石等饰面。

3. 其他装饰构件的处理

（1）有些花坛边缘还可能设计有金属矮栏花饰，应在边缘石饰面之前安装好。

（2）矮栏的柱脚要埋入边缘石，并用水泥砂浆浇筑固定。

（3）待矮栏花饰安装好后，再进行边缘石的饰面工序。

（二）整理种植床

1. 翻土、去杂、整理、换土

（1）在已完成的边缘石圈内，进行翻土作业。

（2）一面翻土，一面挑选、清除土中杂物。

（3）若土质太差，应当将劣质土全清除掉，另换新土填入花坛中。

2. 施基肥

花坛栽种的植物都需要消耗大量养料，因此花坛内的土壤必须很肥沃。在花坛填土之前，最好先填进一层肥效较长的有机肥作为基肥，然后再填进栽培土。

3. 填土、整细

（1）一般的花坛，其中央部分填土应该比较高，边缘部分填土则应低一些。

（2）单面观赏的花坛，前边填土应低些，后边填土则应高些。

（3）花坛土面应做成坡度为 5%~10% 的坡面。

（4）在花坛边缘地带，土面高度应填至边缘石顶面以下 2~3 cm；以后经过自然沉降，土面可降到比边缘石顶面低 7~10 cm 之处,这是边缘土面的合适高度。

（5）花坛内土面一般要填成弧形面或浅锥形面,单面观赏花坛的土面则要填成平坦土面或是向前倾斜的直坡面。

（6）填土达到要求后,要把土面的土粒整细、耙平,以备栽种花卉植物。

4. 钉中心桩

花坛种植床整理好之后,应当在中央重新栽上中心桩,作为花坛图案放样的基准点。

四、图案放样与花卉栽植

（一）图案放样

花坛的图案、纹样,要按照设计图放大到花坛土面上。

（1）等分花坛表面。放样时,若要等分花坛表面,可从花坛中心桩牵出几条细线,分别拉到花坛边缘各处,用量角器确定各线之间的角度,这样就能够将花坛表面等分成若干份。

（2）直接放图案纹样。以等分线为基准,比较容易放出花坛面上对称、重复的图案纹样。

（3）硬纸板放样。有些比较细小的曲线图样,可先在硬纸板上放样,然后将硬纸板剪成图样的模板,再依照模板把图样画到花坛土面上。

（二）花卉栽植

1. 起苗要求

（1）从花圃挖起花苗之前,应先灌水浸湿圃地,这样起苗时根土才不易松散。

（2）同种花苗的大小、高矮应尽量保持一致,过于弱小或过于高大的都不要选用。

2. 栽植季节时间

（1）花卉栽植时间,在春、秋、冬三季基本没有限制,但夏季的栽种时间最好在 11：00 之前和 16：00 以后,要避开太阳曝晒。

（2）花苗运到后,应及时栽种,不要放置很久才栽种。

3. 栽植技术要求

（1）栽植花苗时,一般的花坛都从中央开始栽,栽完中部图案纹样后,再向边缘部分扩展栽下去。

（2）在单面观赏花坛中栽植时,要从后边栽起,逐步栽到前边。

（3）若是模纹花坛和标题式花坛,则应先栽模纹、图线、字形,后栽底面的植物。

（4）在栽植同一模纹的花卉时,若植株稍有高矮不齐,应以矮植株为准,将较高的植株栽得深一些,以保持顶面整齐。

4. 栽植株行距

花坛花苗的株行距应根据植株大小确定。

（1）植株小的,株行距可为 15 cm × 15 cm。

（2）植株中等大小的,株行距可为（ 20 cm × 20 cm ）~（ 40 cm × 40 cm ）。

（3）对较大的植株,则可采用 50 cm×50 cm 的株行距。

（4）草皮类植物是覆盖型的草类,可不考虑株行距,密集铺种即可。

5. 浇透水

花坛栽植完成后,要立即浇一次透水,使花苗根系与土壤紧密接触。

五、花坛植物种植施工

（一）平面式花坛植物种植施工

1. 整地

对于花坛施工,整地是关键之一。翻整土地深度一般为 35~45 cm。整地时,要拣出石头、杂物、草根。若土壤过于贫瘠,则应换土,施足基肥。花坛地面应疏松平整,中心地面应高于四周地面,以避免积水。根据花坛的设计要求,要整出花坛所在位置的地表形状,如半球面形、平面形、锥体形、一面坡式、龟背式等。

2. 放样

按设计要求整好地后,根据施工图纸上的花坛图案原点、曲线半径等,直接在上面定点放样.放样尺寸应准确,用灰线标明。对于中、小型花坛,可用麻绳或钢丝按设计图摆好图案模纹,画上印痕撒灰线。对于图纹复杂、连续和重复的花坛,可按设计图用厚纸板剪好大样模纹,按模型连续标好灰线。

3. 栽植

裸根苗起苗前,应先给苗圃地浇一次水,让土壤有一定的湿度,以免起苗时伤根。起苗时,应尽量保持根系完整,并根据花坛设计要求的植株高矮和花色品种进行掘取,随起随栽。栽植时,应按先中心后四周、先上后下的顺序栽植,尽量做到栽植高矮一致,无明显间隙。对于模纹式花坛,应先栽图案模纹,然后填栽空隙。关于植株的栽植,过稀或过密都达不到丰满茂盛的艺术效果。栽植过稀,植株缓苗后黄土裸露而无观赏效果;栽植过密,植株没有继续生长的空间,以致互相拥挤,通风、透光条件差,脚叶枯黄甚至霉烂。栽植密度应根据栽植方式、植物种类、分蘖习性等差异合理确定。一般春季用花,如金盏菊、红叶甜菜、三色堇、羽衣甘蓝、福禄考、瓜叶菊、大叶石竹、金鱼草、虞美人、小叶石竹、郁金香、风信子等,株高为15~20 cm,株行距为 10~15 cm。夏、秋季用花,如凤仙、孔雀草、万寿菊、百日草、矮雪轮、矮牵牛、美人蕉、晚香玉、唐菖蒲、大丽花、一串红、菊花、西洋石竹、紫茉莉、月见草、鸡冠花、千日红等,株高为 30~40 cm,株行距为 15~25 cm。五色草的株行距一般为 2.5~5.0 cm。

带土球苗起苗时要注意土球完整,根系丰满。若土壤过于干燥,可先浇水,再掘取。若用盆花,应先将盆托出,也可连盆埋入土中,盆沿应埋入地面。一般花坛,有的也可将种子直接播入花坛苗床内。

苗木栽植好后,要浇足定根水,使花苗根系与土壤紧密结合,保证成活率。平时还应除草,剪除残花枯叶,保持花坛整洁美观,要及时消灭病虫害,补栽缺株。对模纹式花坛,还应经常整形修剪,保持图案清晰、美观。

活动式花坛的植物栽植与平面式花坛基本相同,不同的是活动式花坛的植物栽植在一定造型的可移动的容器内,可随时搬动,组成不同的花坛图案。

(二)立体花坛植物种植施工

立体花坛是在立体造型的骨架上,栽植组成各种植物艺术造型的花坛。

1. 制作骨架结构

在施工时,根据设计图纸和模型,按比例建立骨架。按照图纸上标明的材料型号下料,焊接要严密,不能有砂眼,结构要坚固,要绝对避免因用材不当而出现变形或倒塌的现象。骨架稳固后,若立体花坛比较高,为了便于施工,要用钢管或木板搭好脚手架,高度以人站上去便于施工操作为宜。

2. 安装供水系统

如果需要安装自动喷灌系统,则根据设计图纸安装压力泵、管道、微喷头、滴管等供水器件,并调节水压的大小、管道的走向、喷头的分布和方向等,力求灌水均匀,避免有灌溉不到的地方,造成植物生长不良或死亡。

3. 装土(栽培基质)

按照设计图纸安装供水系统后,用铁丝将遮阳网扎成内网和外网(两网之间的距离根据设计来定),然后开始装土,土的干湿度以捏住一撮能散为宜。垂直高度超过 1 m 的种植层,应每隔 50~60 cm 设置水平隔断,以防止浇水后内部栽培基质往下塌陷。装土时从基部层层向上填充,边装边用木棒捣实,由外向里捣,使土紧贴内网。外部遮阳网必须从下往上分段用铁丝绑扎固定在钢筋上,边绑扎、边装土,并用木棒在网外拍打,调整立体形状的轮廓。

4. 放样

按照设计图案用线绳勾出轮廓,或者先用硬纸板、塑料纸等制作设计的纹样,再画到造型上。不管采用哪种方法,只要能在造型上形成比较清晰的图案纹样即可。

5. 栽植物

种植植物宜先上后下,一般先栽植花纹的边缘线,轮廓勾出后再填植内部花苗。栽植时用木棒、竹签或剪刀头等带有尖头的工具插眼,将植物栽入,再用手按实,注意栽苗时要和表面成锐角,防止和表面呈直角栽入。锐角栽入可使植物根系较深地栽在土中,浇水时不至于被冲掉。栽植的植物株行距视花苗的大小而定,如白草的株行距为 2~3 cm,小叶红、绿草、黑草的株行距为 3~4 cm,大叶红的株行距为 4~5 cm。对于最窄的纹样,栽白草不少于 3 行,小叶红、绿草、黑草不少于 2 行。立体花坛最好用大小一致的植物搭配,苗不宜过大,过大会影响图案效果。

栽苗最好在阴天或傍晚进行,露地育苗可提前两天将花圃地浇湿,以便起苗时少伤根。盆栽育苗一般提前浇水,运到现场后再扣出脱盆栽植。矮棵的浅栽,高棵的深栽,以准确地表达图案纹样。在具体施工中注意不要踩压已栽植物,可用周转箱倒扣在栽种过的图案上,供施工人员踩踏。夏季施工可在立体花坛上空罩一张遮阳网,防止强光灼射,有利早期的养护生根。

6. 栽后修剪

栽种后要进行修剪。一方面修剪可促进植物分枝,另一方面修剪的轻重和方法也是体现图案花纹的重要技巧。栽后第一次不宜重剪,第二次修剪可重些。在两种植物交界处,各向中心斜向修剪,使交界处成凹状,产生立体感,特别是人物和动物造型,需要靠精雕细琢的修剪来实现。例如在制作马、牛等动物造型时,很容易产生下列问题:将马的肚子制作得滚圆,就变成了一匹肥马,没有精神;开荒牛本来应该肌肉肋骨突出,脊梁高耸,但制作出来的作品却失去了那种奋发上进的感觉。

7. 收尾工作

植物栽植完工后,拆除脚手架。在立体花坛基部周围按照设计图纸布置好平面花坛,使主题更加突出,色彩更加鲜明,充分体现立体花坛的特色和作用。

六、花坛管理技术与养护管理作业

(一)花坛管理技术

1. 浇水

花坛栽植完成后,要注意经常浇水保持土壤湿润,浇水宜在早晚。

2. 中耕除草

花苗长到一定高度,出现了杂草时,要进行中耕除草,并剪除黄叶和残花。

3. 病虫害防治

若发现有病害、虫害,要立即喷药防治。

4. 补栽

如花苗有缺株,应及时补栽。

5. 整形修剪

对模纹、图样、字形植物,要经常整形修剪,保持整齐的纹样,不使图案杂乱。修剪时,为了不踏坏花卉图案,可将长条木板凳放入花坛,在长凳上进行操作。

6. 施肥

对花坛上的多年生植物,每年要施肥 2~3 次;对一般的一两年生植物,可不再施肥,如确有必要,也可以进行根外追肥,方法是将水、尿素、磷酸二氢钾、硼酸按 15 000:8:5:2 的比例配制成营养液,喷洒在花卉叶面上。

7. 花卉更换

当大部分花卉即将枯谢时,可按照花坛设计中所做的花卉轮替计划,换种其他花卉。

(二)花坛养护管理作业

1. 工具配置

花坛养护管理通常用到锄头、草剪、洞撬、洒水车等工具。

2. 工作内容

1)松土、除杂草

对于尚未郁闭的花坛,生长季节每月松土 1 次,除杂草 2 次,松土深度为 3~5 cm;非生长季节每月除杂草 1 次,每年 4—5 月和 8—9 月在松土的同时进行修边,修边宽度为

30 cm,线条要流畅。

2）修剪

一般每年 2—3 月重剪 1 次,保留 30~50 cm,以促进侧枝发芽;之后每个月根据花坛养护标准修剪造型,中间高、两边低,中间高度根据品种不同而异,一般为 50~80 cm,以形成曲面,有较好的园林美化效果。

3）施肥

2—3 月重剪后以撒施基肥为主,用量为 0.5~1 kg/m²,之后根据生长情况用复合肥进行追肥,结合雨天撒施 0.1~0.15 kg/m²,晴天施肥时应保证淋足水,施肥方法以撒施为主。

4）补植

对市政工程、交通事故、养护不当等造成的死苗要及时补植,一般应补回原来的种类,并力求规格与原来相近。

5）淋水

补植后一个星期内每天淋水 1 次,施肥时加强淋水,一般情况下 2~3 d 淋水 1 次。

3. 检查项目

（1）花坛完整情况:有无缺株、残缺。

（2）生长情况:长势是否旺盛,有无病虫害发生。

（3）修剪造型:要有一定的园林效果,如球形、圆柱形、蘑菇形、动物造型等,高0.8~1.5 m。

（4）开花:开花植物开花准时、艳丽,花朵覆盖率达 50%以上。

4. 注意事项

植物应生长旺盛、枝繁叶茂;修剪应精致美观,具有艺术感和创意。

第三节　草坪种植

一、草种选择

建造草坪时所选用的草种是否妥当是草坪能否建成的基本条件。选择草种应考虑以下方面。

（1）使用环境:草种应适应当地的环境条件,尤其应适应种植地段的小环境。

（2）使用功能、使用功能与场所:使用场所不同,对草种的选择也应有所不同。

（3）养护管理条件:在有条件的地方可选用需精细管理的草种,而在环境条件较差的地区,则应选用抗性强的草种。

总之,选用草种应对使用环境、使用目的和草种本身有充分的了解,这样才能使草坪充分发挥其功能效益。

二、场地准备

铺设草坪和栽植其他植物不同,在建造完成以后,地形和土壤条件很难再行改变。要想得到高质量的草坪,应在铺设前对场地进行处理,主要应考虑土层厚度,对土地进行平整与耕翻,并做好排水和灌溉系统。

(一)土层厚度

一般认为草坪植物是低矮的草本植物,没有粗大主根,与乔灌木相比,根系浅。因此,在土层厚度不足以种植乔灌木的地方可建造草坪。草坪植物 80% 的根系分布在地表以下 40 cm 内的土层中,而且 50% 以上的根系分布在地表以下 20 cm 内的土层中。虽然有些草坪植物耐干旱、耐瘠薄,但种在土层厚度低于 15 cm 的土中时,会生长不良,应加强管理。为了使草坪保持优良的质量,减少管理费用,土层厚度为 40 cm 左右为宜,不应小于 30 cm,在小于 30 cm 的地方应加厚土层。

(二)土地的平整与耕翻

这一工序的目的是为草坪植物的根系生长创造条件。步骤如下。

1. 清除杂草与杂物

清除杂草与杂物的目的是便于土地的耕翻与平整,但更主要的是消灭多年生杂草。为避免草坪建成后杂草与草坪草争水分、养料,在种草前应彻底把杂草消灭。可用草甘膦等灭生性的内吸传导型除草剂,使用两周后可开始种草。此外还应把瓦块、石砾等杂物全部清出场地。瓦块、石砾等杂物多的土层应用 10 mm × 10 mm 的网筛过一遍,以确保杂物除净。

2. 初步平整、施基肥和耕翻

在清除了杂草、杂物的地面上应初步做一次起高填低的平整。平整后撒施基肥,然后进行一次全面耕翻。土壤疏松、通气良好将有利于草坪植物的根系发育,也便于播种或栽草。

3. 更换杂土与最后平整

在耕翻过程中,若发现局部地段土质欠佳或混杂的杂土过多,则应换土。虽然换土的工作量很大,但必要时须彻底进行,否则会造成草坪生长极不一致,影响草坪质量。为了确保新建草坪的平整,在换土或耕翻后应灌一次透水或滚压一遍,使坚实度不同的地方能显出高低,以便最后平整时加以调整。

(三)排水和灌溉系统

草坪与其他场地一样,需要考虑排除地面水。因此,最后平整地面时,要综合考虑地面排水问题,不能有低凹处,以避免积水。做成水平面也不利于排水,草坪多利用缓坡来排水。在一定面积内修一条缓坡的沟道,其最底下的一端可设雨水口接纳排出的地面水,后经地下管道排走,或以沟直接与湖池相连。理想的平坦草坪的表面应是中部稍高,逐渐向四周或边缘倾斜。建筑物四周的草坪应比房基低 5 cm,然后向外倾斜。

地形过于平坦的草坪或地下水位过高或聚水过多的草坪、运动场的草坪等均应设置暗管或明沟排水,最完善的排水设施是用暗管组成一个系统与自由水面或排水管网相连。

草坪灌溉系统是兴造草坪的重要项目,目前国内外草坪大多采用喷灌。为此,在场地最后整平前,应将喷灌管网埋设完毕。

三、种植方法

有了合适的草源和准备好的土地,就可以开始种植。常用的种植方法有以下几种。

(一)播种法

播种法一般用于结籽量大而且种子容易采集的草种,如野牛草、羊茅、结缕草、剪股颖、早熟禾等。要取得播种的成功,应注意种子的质量、种子的处理、播种量和播种时间、播种方法、播后管理等。

1. 种子的质量

质量包括纯度和发芽率两个方面,一般要求纯度在 90% 以上,发芽率在 50% 以上。

2. 种子的处理

有的种子发芽率不高并不是因为质量不好,而是由各种形态、生理原因所致。为了提高发芽率,达到苗全、苗壮的目的,在播种前可对种子加以处理。例如:细叶薹草的种子可用流水冲洗数十小时;结缕草的种子可用 0.5%(质量分数)的 NaOH 溶液浸泡 48 h,用清水冲洗后再播种;野牛草的种子可用机械的方法去除硬壳。

3. 播种量和播种时间

草坪种子的播种量越大,见效越快,播后管理越省工。种子有单播和 2~3 种混播的。单播时的用量一般为 10~20 g/m²,应根据草种、种子发芽率等而定。混播是在依靠基本种子形成草坪之前,混种一些覆盖性强的其他种子。关于播种时间,暖季型草种为春播,可在春末夏初播种;冷季型草种为秋播,北方最适合的播种时间是 9 月上旬。

4. 播种方法

播种方法分为条播和撒播。条播有利于播后管理,撒播可及早达到草坪均匀的目的。条播是在整好的场地上开沟,深 5~10 cm,沟距为 15 cm,将等量的细土或沙子与种子拌匀撒入沟内。不开沟为撒播,播种人应采用回纹式或纵横向后退等方式撒播。播种后轻轻耙土镇压,使种子入土 0.2~1 cm。播前灌水有利于种子的萌发。

5. 播后管理

充分保持土壤湿度是保证出苗的主要条件。播种后根据天气情况每天或隔天喷水,幼苗长至 3~6 cm 时可停止喷水,但要经常保持土壤湿润,且及时清除杂草。

(二)栽植法

栽植法所用的植株繁殖较简单,能大量节省草源,一般 1 m² 的草块可以栽成 5~10 m²

或更多草坪。与播种法相比,此法管理比较方便,因此已成为我国北方地区种植匍匐性强的草种的主要方法。要取得播种的成功,应注意在适宜的种植时间采取适当的种植方法,并采取提高种植效果的措施。

1. 种植时间

全年的生长季均可进行种植。但种植时间过晚,当年就不能覆满地面。最佳的种植时间是生长季中期。

2. 种植方法

种植方法分为条栽与穴栽。草源丰富时可以用条栽,在平整好的地面以 20~40 cm 为行距,开 5 cm 深的沟,把撕开的草块成排放入沟中,然后填土、踩实。同样,以 20~40 cm 为株行距进行穴栽也是可以的。

3. 提高种植效果的措施

为了提高成活率,缩短缓苗期,移植过程中要注意两点:①栽植的草要带适量的护根土(心土);②尽可能缩短从掘草到栽草的时间,最好当天掘草、当天栽。栽后要充分灌水,清除杂草。

(三)铺栽法

铺栽法的主要优点是能形成草坪快,可以在任何时候(北方封冻期除外)进行,且栽后管理容易。缺点是成本高,并要求有丰富的草源。要取得播种的成功,应注意以下几个问题。

1. 选定草源

要求草生长势强,密度高,而且有足够大的面积为草源。

2. 铲草皮

先把草皮切成平行条状,然后按需要横切成块,草块大小根据运输方法和操作是否方便而定,通常为 45 cm×30 cm, 60 cm×30 cm、30 cm×12 cm。草块的厚度为 3~5 cm,国外大面积铺栽草坪时,也常采用圈毯式草皮。

3. 草皮的铺栽方法

常见的草皮铺栽方法有以下三种。

(1)无缝铺栽:此法不留间隔,全部铺栽。草皮紧连,不留缝隙,相互错缝。要求快速建成草坪时常使用这种方法。草皮的需要量和草坪面积相同(100%)。

(2)有缝铺栽:各块草皮间留有一定宽度的缝进行铺栽。缝的宽度为 4~6 cm,当缝宽为 4 cm 时,草皮必须占草坪总面积的 70%。

(3)方格形花纹铺栽:这种方法虽然建成草坪较慢,但草皮的需用量只占草坪面积的 50%。

(四)草坪植生带铺栽法

草坪植生带是将再生棉经一系列工艺加工制成的有一定拉力、透水性良好、极薄的无纺布,并选择适当的草种、肥料,按一定的数量、比例通过机器撒在无纺布上,在上面再覆盖一层无纺布,经黏合滚压成卷制成的。它可以通过在工厂中采用自动化的设备连续生产制造,成卷入库,每卷 50 m² 或 100 m²,幅宽 1 m 左右。

在经过整理的地面上满铺草坪植生带,覆盖 1 cm 筛过的生土或河沙,早晚各喷水一次,一般 10~15 d(有的草种为 3~5 d)即可发芽, 1~2 个月就可形成草坪,覆盖率达 100%,成草迅速,无杂草。

(五)吹附法

近年来国内外也有用喷播草籽的方法培育草坪的,即将草种加上泥炭(或纸浆)、肥料、高分子化合物和水混合浆,储存在容器中,借助机械力量喷到需育草的地面或斜坡上,经过精心养护育成草坪。

四、草坪养护管理技术

(一)浇灌

草坪植物的含水量占鲜重的 75%~85%,叶面的蒸腾作用要耗水,根系吸收营养物质必须有水作为媒介,营养物质在植物内的输导也离不开水,一旦缺水,草坪生长衰弱,覆盖度下降,甚至会枯黄而提前休眠。据调查,未经人工灌溉的野牛草草坪至 5 月末每平方米仅有匍匐枝 40 条,而加以灌溉的草坪每平方米的匍匐枝可达 240 条,前者的覆盖率是 70%,后者为 100%,因此建造草坪时必须考虑水源,草坪建成后必须合理灌溉。

1. 水源与灌溉方法

1)水源

没有被污染的井水、河水、湖水、水库存水、自来水等均可作为灌溉水源。国内外也试用城市中水作为绿地灌溉用水。随着城市中绿地不断增加,用水量大幅度上升,这给城市供水带来很大的压力。中水不失为一种可靠的水源。

2)灌溉方法

灌溉方法有地面漫灌、喷灌和地下灌溉等。

(1)地面漫灌是最简单的方法,其优点是简便易行,缺点是耗水量大,水量不够均匀,坡度大的草坪不能使用。采用这种灌溉方法的草坪表面应相当平整,且具有一定的坡度,理想的坡度是 0.5%~1.5%。这样的坡度用水量最经济,但大面积草坪要达到以上要求较为困难,因而此法有一定的局限性。

(2)喷灌是使用设备将水像雨水一样淋到草坪上。其优点是能在地形起伏变化大的地方或斜坡使用,灌溉量容易控制,用水经济,便于自动化作业。主要缺点是建造成本高。但此法仍为目前国内外采用最多的草坪灌溉方法。

(3)地下灌溉是靠细管作用从根系层下面设的管道由下向上地供水。此法可避免土壤紧实,并使蒸发量和地面流失量降到最低程度。节省水是此法最突出的优点。然而由于设备投资大,维修困难,因而使用此法灌溉的草坪甚少。

2. 灌水时间

在生长季节,根据不同时期的降雨量和不同草坪的适时灌水是极为重要的,灌水一般可分为三个时期。

(1)返青到雨季前。这一阶段气温逐渐上升,蒸腾量大,需水量大,是一年中最关键的灌水时期。根据土壤保水性能和雨季来临的时期,可灌水 2~4 次。

(2)雨季。基本停止灌水。这一时期空气湿度较大,草的蒸腾量下降,而土壤含水量已提高到足以满足草坪生长需要的水平。

(3)雨季后至枯黄前。这一时期降水量少,蒸腾量较大,而草坪仍处于生命活动较旺盛的阶段,与前两个时期相比,这一阶段草坪的需水量显著提高,如不能及时灌水,不但影响草坪生长,还会引起提前休眠。在这一阶段,可根据情况灌水 4~5 次。

此外,在返青时灌返青水,在北方封冻前灌封冻水也都是必要的。总之,草种不同,对水分的要求不同,不同地区的降水量也有差异。因而,必须根据气候条件与草坪植物的种类来确定灌水时期。

3. 灌水量

每次灌水的水量应根据土质、生长期、草种等因素而确定。以湿透根系层、不发生地面径流为原则。如北京地区的野牛草草坪,每次灌水的用水量为 0.04~0.10 t/m²。

(二)施肥

为保持草坪叶色嫩绿、生长繁密,必须进行施肥。

1. 施肥种类

草坪植物主要要求叶片生长,并无开花结果的要求,所以氮肥最为重要,施氮肥后的效果也最明显。在建造草坪时应施基肥,草坪建成后在生长季施追肥。

2. 施肥季节

寒季型草种的追肥时间最好在早春和秋季。第一次在返青后,可起促进生长的作用;第二次在仲春。天气转热后,应停止追肥。秋季施肥可于 9 月、10 月进行。暖季型草种的施肥时间在晚春。在生长季每月应追肥一次,这样可增加枝叶密度,提高耐踩性。北方地区最后一次施肥不能迟于 8 月中旬,南方地区不应晚于 9 月中旬。

3. 施肥量

不同草种的草坪施肥量可参考表 10-2。

表 10-2　不同草种的草坪施肥量

草种	喜肥程度	施肥量(按纯氮计)/[g/(月·m²)]
野牛草	最低	0~2
紫羊茅、加拿大早熟禾	低	1~3
结缕草、黑麦草、普通早熟禾	中等	2~5

草种	喜肥程度	施肥量(按纯氮计)/[g/(月·m²)]
草地早熟禾、剪股颖、狗牙根	高	3~8

(三)草坪修剪

修剪能控制草坪高度,促进分蘖,增加叶片密度,抑制杂草生长,使草坪平整美观。

1. 修剪次数

一般的草坪一年最少修剪 4~5 次,实际修剪次数与地区、草种等因素有关。例如:北京地区的野牛草草坪每年修剪 3~5 次较为合适;上海地区的结缕草草坪每年修剪 8~12 次较为合适;高尔夫球场内精细管理的草坪一年要经历上百次修剪。据报道,多数栽培型草坪全年共需修剪 30~50 次,正常情况下 1 周 1 次,4—6 月常需 1 周修剪 2 次。

2. 修剪高度

修剪高度与修剪次数是两个相互关联的因素。要求的修剪高度越低,修剪次数就越多。草的叶片密度与覆盖度也随修剪次数的增加而增加。应根据要求的修剪高度进行有规律的修剪,当草达到规定高度的 1.5 倍时就要进行修剪,最高不得超过规定高度的 2 倍。各种草的最适剪留高度见表 10-3。

表 10-3　各种草的最适剪留高度

草种	相对修剪程度	剪留高度/cm
匍匐剪股颖、绒毛剪股颖	极低	0.5~1.3
狗牙根、细叶结缕、细弱剪股颖	低	1.3~2.5
野牛草、紫羊茅、草地早熟禾、黑麦草、结缕草、假俭草	中等	2.5~5.1
苇状羊茅、普通早熟禾	高	3.5~7.5
加拿大早熟禾	较高	7.5~10.2

3. 剪草机

一般使用剪草机修剪草坪,多用汽油机或柴油机作为动力。小面积草坪可使用侧挂式割灌机,大面积草坪可使用机动旋转式剪草机或其他大型剪草机。

1)剪草机的检查

(1)检查机油的状态。检查机油量是否达到规定加注体积,小于最小加注量时要及时补加,大于最大加注量时要及时倒出;检查机油颜色,若为黑色或有明显杂质应及时更换为规定标准的机油,一般累计工作 25~35 h 更换机油一次,新机器累计工作 5 h 后更换新机油。

(2)检查汽油的状态。汽油量不足时要及时加注,但不要超过安全容量的刻度线,超过部分应用虹吸管吸出;发动机发热时,禁止向油箱里加汽油,应待发动机冷却后再加汽油。

(3)检查空气滤清器是否需要清理。纸质部分用真空气泵吹净,海绵部分用肥皂水清洗晾干,均匀滴加少许机油,增强过滤效果。若效果不佳应及时更换新的滤清器(一般一年左右更换一次)。

(4)检查轮子的状态。检查轮子旋转是否同步顺畅,某些剪草机轮轴需要加注黄油;检查轮子是否在同一水平面上,并调节修剪高度。

(5)对于甩绳式剪草机,应检查其尼龙绳伸出工作头的长度,如过短则需延长;工作头中储存的尼龙绳不足时应更换;更换甩绳或排除缠绕时必须先切断动力。

2)进行草坪修剪

(1)修剪前,要对草坪中的杂物认真进行清理,拣出草坪中的石块、玻璃、钢丝、树枝、砖块、钢筋、铁管、电线及其他杂物等,并对喷头、接头等处进行标记。

(2)操作剪草机时,应穿较厚的工作服和平底工作鞋,佩戴耳塞减轻噪声。尤其是操作甩绳式剪草机时,一定要佩戴手套和护目镜或一体式安全帽。

(3)机器启动后仔细倾听发动机的工作声音,如果声音异常立即停机检查,注意检查时将火花塞拔掉,防止意外启动。

(4)修剪时,一般要先绕目标草坪外围修剪 1~2 圈,以利于修剪中间部分时机器进行调头,防止机器与边缘硬质砖块、水泥路等碰撞而损坏机器,以及防止操作人员意外摔倒。

(5)剪草机工作时,不要移动集草袋(斗)或侧排口。不要等集草袋太满,才倾倒草屑。集草袋长时间使用会由于草屑汁液与尘土混合,导致通风不畅影响草屑收集效果,因此要定期清理集草袋。

(6)在坡度较小的斜坡上剪草时,手推式剪草机要横向行走,坐骑式剪草机则要顺着坡度上下行走,坡度过大时要应用气垫式剪草机。

(7)在工作途中需要暂时离开剪草机时,务必要关闭发动机。具有刀离合装置的剪草机,在开关刀离合时,动作要迅速,这有利于延长传动皮带或齿轮的寿命。对于具有刀离合装置的手推式剪草机,由于机身小,如果已经将目标草坪外缘修剪 1~2 周,在每次调头时,尽量不要关闭刀离合,以延长其使用寿命,但要时刻注意安全。

(8)剪草时操作人员要保持头脑清醒,时刻注意前方是否有遗漏的杂物,以免损坏机器。长时间操作剪草机要注意休息,切忌心不在焉。剪草机工作时间也不应过长,尤其是在炎热的夏季要防止机体过热,影响其使用寿命。

3)剪草机使用注意事项

(1)手推式剪草机一般向前推,尤其在自走时切忌向后拉,否则有可能伤到操作人员的脚。

(2)旋刀式剪草机如在刀片锋利、自走速度适中、操作规范的情况下仍然出现"拉毛"现象,则可能是由于发动机转速不够,可由专业维修人员调节转速以达到理想的修剪效果。

(3)如剪草机的行走速度过快,滚刀式剪草机会形成"波浪"现象,旋刀式剪草机会出现"圆环"状,从而严重影响草坪外观和修剪质量。

(4)对于甩绳式剪草机,操作人员要熟练掌握操作技巧,否则容易损伤树木和旁边的花灌木以及出现"剪秃"的现象,而且转速要控制适中,否则容易出现"拉毛"现象或硬物飞弹伤人事故。不要长时间使油门处于满负荷工作状态,以免机器过早磨损。

4)草坪修剪后的注意事项

(1)草坪修剪完毕,要将剪草机置于平整地面,拔掉火花塞进行清理。

(2)放倒剪草机时要从空气滤清器的另一侧抬起,确保放倒后空气滤清器置于发动机的最高处,防止机油倒灌淹灭火花塞火花,造成机器无法启动。

(3)清除发动机散热片和启动盘上的杂草、废渣和灰尘(特别是化油器旁的散热片很容易堵塞,要用钢丝清理)。因为这些杂物会影响发动机的散热,导致发动机过热而损坏。但不要用高压水雾冲洗发动机,可用真空气泵吹洗。

(4)清理刀片和机罩上的污物,清理甩绳式剪草机的发动机和工作头。

(5)每次清理要及时彻底,为以后清理打下良好的基础。清理完毕后,检查剪草机的启动状况,一切正常后入库存放于干净、干燥、通风、温度适宜的地方。

5)修剪机械的使用

Ⅰ.滚刀式剪草机

滚刀式剪草机的剪草装置由带有刀片的滚筒和固定的底刀组成,滚筒的形状像一个圆柱形鼠笼,切割刀呈螺旋形安装在圆柱表面上。滚筒旋转时,把叶片推向底刀,通过逐渐切割的滑动剪切将叶片剪断,剪下的草屑被甩进集草袋。滚刀式剪草机主要有手推式、坐骑式和牵引式。由于滚刀式剪草机的工作原理类似于剪刀的剪切,只要保持刀片锋利,剪机调整适当,其剪草质量是几种剪草机中最佳的。其缺点主要表现为:对具有硬质穗和茎秆的禾本科草坪草的修剪存在一定困难;无法修剪某些具有粗质穗部的暖季型草坪草;无法修剪高度过高的草坪草;价格较高。因此,只有在具有相对平整表面的草坪上使用滚刀式剪草机才能获得最佳的效果。

Ⅱ.旋刀式剪草机

旋刀式剪草机的主要部件是横向固定在直立轴末端上的刀片。旋刀式剪草机主要有气垫式、手推式和坐骑式。其剪草原理是通过高速旋转的刀片将叶片水平切割下来,为无支撑切割,类似于镰刀的切割作用,修剪质量不能满足要求较高的草坪。旋刀式剪草机不宜用于修剪低于 2.5 cm 的草坪草,因为难以保证修剪质量;当旋刀式剪草机遇到跨度较小的土墩或坑洼不平的表面时,由于高度不一致极易出现"剪秃"现象;刀片高速旋转,易造成安全事故。

Ⅲ.甩绳式剪草机

甩绳式剪草机是割灌机附加功能的实现,即将割灌机工作头上的圆锯条或刀片用尼龙绳或钢丝代替,高速旋转的绳子与草坪茎叶接触时将其击碎从而实现剪草的目的。这种剪草机主要适用于高速公路路边绿化草坪、护坡护堤草坪以及树干基部、雕塑、灌木、建筑物等与草坪临界的区域。在这些地方其他类型的剪草机难以使用。甩绳式剪草机的缺点是操作人员要熟练掌握操作技巧,否则容易损伤树木的韧皮部以及出现"剪秃"现象,而且转速要控制适中，否则容易出现"拉毛"现象或硬物飞弹伤人事故。更换甩绳或排除缠绕时必须先切断动力。

Ⅳ.连枷式剪草机

连枷式剪草机的刀片铰接或用铁链连接在旋转轴或旋转刀盘上，工作时旋转轴或旋转刀盘高速旋转，离心力使刀片绷直，端部以冲击力切割草坪茎叶。由于刀片与刀轴或刀盘铰接，当碰到硬物时可以避让而不致损坏机器。连枷式剪草机适用于杂草和灌木丛生的绿地，能修剪 30 cm 高的草坪。缺点是研磨刀片很费时间，而且修剪质量也较差。

Ⅴ.甩刀式剪草机

甩刀式剪草机的构造与旋刀式剪草机类似，但工作原理与连枷式剪草机相似。它的主要工作部件是横向固定于直立轴上的圆盘形刀盘，刀片（一般为偶数个）对称地铰接在刀盘边缘上。工作时旋转轴带动刀盘高速旋转，离心力使刀片绷直，以端部冲击力切割草坪草茎叶。由于刀片与刀盘铰接，当碰到硬物时可以避让而不致损坏机械并能降低伤人的可能性。甩刀式剪草机的缺点是剪草机无刀离合装置，草坪密度较大和生长较高的情况下，启动机械有一定阻力，而且修剪质量较差，容易出现"拉毛"现象。

Ⅵ.气垫式剪草机

气垫式剪草机的工作部分一般也采用旋刀式，特殊之处在于它是靠安装在刀盘内的离心式风机和刀片高速转动产生的气流形成气垫托起剪草机进行修剪，托起的高度就是修剪高度。气垫式剪草机没有行走机构，工作时悬浮在草坪上方，特别适合于修剪地面起伏不平的草坪。

（四）除杂草

除杂草最根本的方法是合理地施肥浇水，促进目的草生长，增强其与杂草的竞争力，并通过多次修剪抑制杂草生长。一旦发生杂草侵害，可采用以下两种方法来处理。

1.人工方法除草

人工除草指用锄头或其他农具把田间的杂草从根部截断或连根拔出，即人工"剔除"杂草。

2.化学方法除草

化学除草指喷洒特制的化学药品（除草剂）把杂草除掉，这种方法省工省时，节约劳动力。化学除草主要分为以下三类：①用 2, 4-D 类除草剂杀死双子叶杂草；②用西玛津、扑草净、敌草隆等封闭土壤，抑制杂草的萌发或杀死刚萌发的杂草；③用灭生性除草剂草甘膦、百草枯等在草坪建造前或草坪更新时除、防杂草。

注意：除草剂的使用比较复杂，除草效果受很多因素影响，使用不正确会造成很大的损失，因此使用前应慎重地进行试验和准备，使用的浓度、工具应由专人负责。

（五）通气

通气即在草坪上扎孔打洞，目的是改善根系通气状况，调节土壤水分含量，以利于提高施肥效果。

1. 打孔的技术要求

（1）一般要求 50 穴/m²，穴间距为 15 cm × 5 cm，穴径为 1.5~3.5 cm，穴深 8 cm 左右。

（2）可用中空铁钎人工扎孔，也可使用草坪打孔机（恢复根系通气性）进行打孔。

2. 草坪的复壮更新

草坪如承受过较大负荷或出现由负荷作用导致的土壤板结，需对草坪进行复壮更新。用铣刀挖出宽 1.5~2 cm、间距为 25 cm、深约 18 cm 的沟，在沟内填入多孔材料（如海绵土），把挖出的泥土翻过来，并把剩余泥土运走，施入高效肥料，补播草籽，加强肥水管理，使草坪快速复壮。

参考文献

[1] 王福玉. 园林工程施工组织与管理[M]. 北京:中国劳动社会保障出版社,2012.

[2] 土木在线. 图解园林工程现场施工[M]. 北京:机械工业出版社,2015.

[3] 陈科东. 园林工程施工技术[M]. 3 版. 北京:中国林业出版社,2022.

[4] 刘义平. 园林工程施工组织管理[M]. 北京:中国建筑工业出版社,2009.

[5] 《施工员一本通》编委会. 施工员一本通[M]. 北京:中国建材工业出版社,2008.

[6] 操英南,项玉红,徐一斐. 园林工程施工管理[M]. 北京:中国林业出版社,2019.

[7] 宁平. 园林工程施工现场管理从入门到精通[M]. 北京:化学工业出版社,2017.

[8] 夏晖,孟侠. 景观工程[M]. 重庆:重庆大学出版社,2015.

[9] 邹原东. 园林工程施工组织设计与管理[M]. 北京:化学工业出版社,2014.

[10] 王良桂. 园林工程施工与管理[M]. 南京:东南大学出版社,2009.

[11] 吴斌成. 施工员实操技能全图解[M]. 北京:化学工业出版社,2021.

[12] 宁平. 园林工程施工组织设计从入门到精通[M]. 北京:化学工业出版社,2017.

[13] 郑燕宁,江芳,薛君艳. 园林工程技术与施工管理[M]. 北京:中国水利水电出版社,2014.

[14] 刘志梅. 园林工程施工组织设计与进度管理便携手册[M]. 2 版. 北京:中国电力出版社,2011.

[15] 李本鑫,史春凤,杨杰锋. 园林工程施工技术[M]. 3 版. 重庆:重庆大学出版社,2021.

[16] 魏立群,李海宾. 园林工程施工[M]. 北京:中国农业大学出版社,2021.

[17] 刘海明. 园林工程施工技术[M]. 北京:中国电力出版社,2022.